U0337237

# 中国新景观

城市设计及滨水景观　公共空间（湿地 公园　道路 交通）

《设计家》编

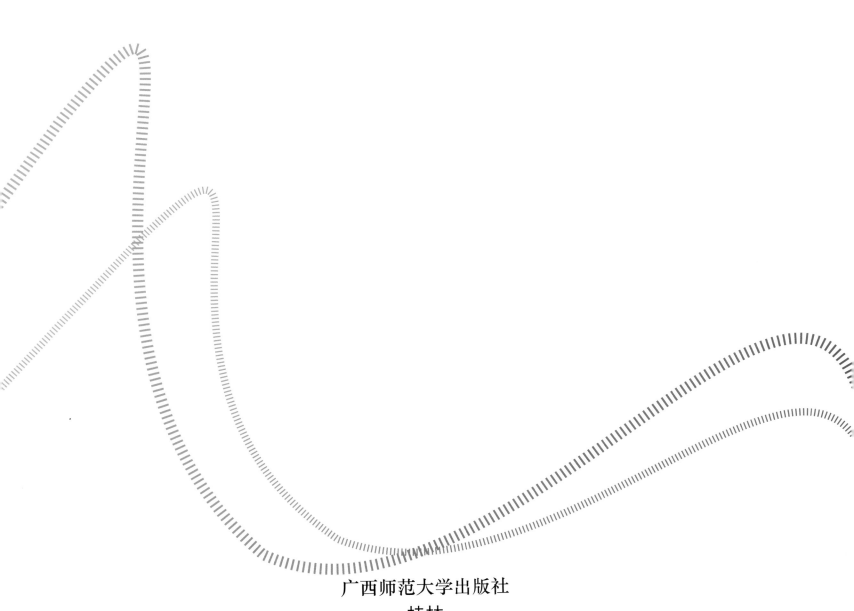

广西师范大学出版社
·桂林·

# 序 言

　　《中国新景观》收录了在中国各区域最新的100多个景观项目。按照功能分为三个部分：城市设计及滨水景观，住宅，旅游度假及酒店、商业综合体、办公、文教。这些项目的设计者不仅局限于中国国内，还有来自全世界不同区域的景观设计公司和设计师，如ATKINS、SASAKI、荷兰NITA、广州土人景观公司、北京土人景观公司、澳大利亚TRACT景观公司、美国的TOM LEADER景观设计、毕璐德景观设计、张唐景观设计、诺风景观、AECOM、泽碧克建筑设计事务所、安道国际、美国佰佛景观、三境四合、澳斯派克景观、东大景观、普梵思洛、日兴设计、水石国际、何小强景观设计、广州山水比德景观等，由此造就出了一本不论在内容还是在风格上都很丰富的景观书籍，并且呈现出不同地域和文化背景下的设计师在景观设计领域的最新探索成果。

　　本册是专门介绍城市设计及滨水景观和公共空间设计方面的精品集。城市设计与滨水景观都是比较大型的工程，从城市的整体规划到滨江海岸的恢弘工程的设计，体现出当代国内滨水景观的发展进度和水平。公共空间从公园、城市广场、交通道路、公共交通站全方位地介绍了当代公共空间的特色及功能。每个项目都有详细的工程分析图和全景图，直观全面地向读者和设计师介绍了项目的精华，再配上详细的文字介绍使得内容重点更加突出。

　　本书在呈现设计师们优秀作品的同时，还对项目主创设计师和设计公司代表作了专门的采访，通过与设计师的对话，让读者了解设计师在行业里的成长过程及作品背后的创作主张和核心思想，对于读者和设计师有着更深远的设计思想观和价值观的指导意义。

# CONTENTS
# 目录

## INTERVIEWS
## 访谈录

# CITY DESIGN AND WATERFRONT LANDSCAPE
# 城市设计及滨水景观

# PUBLIC SPACE
# 公共空间

## WETLAND AND PARK
## 湿地 公园

# ROAD AND TRANSFORMATION
# 道路 交通

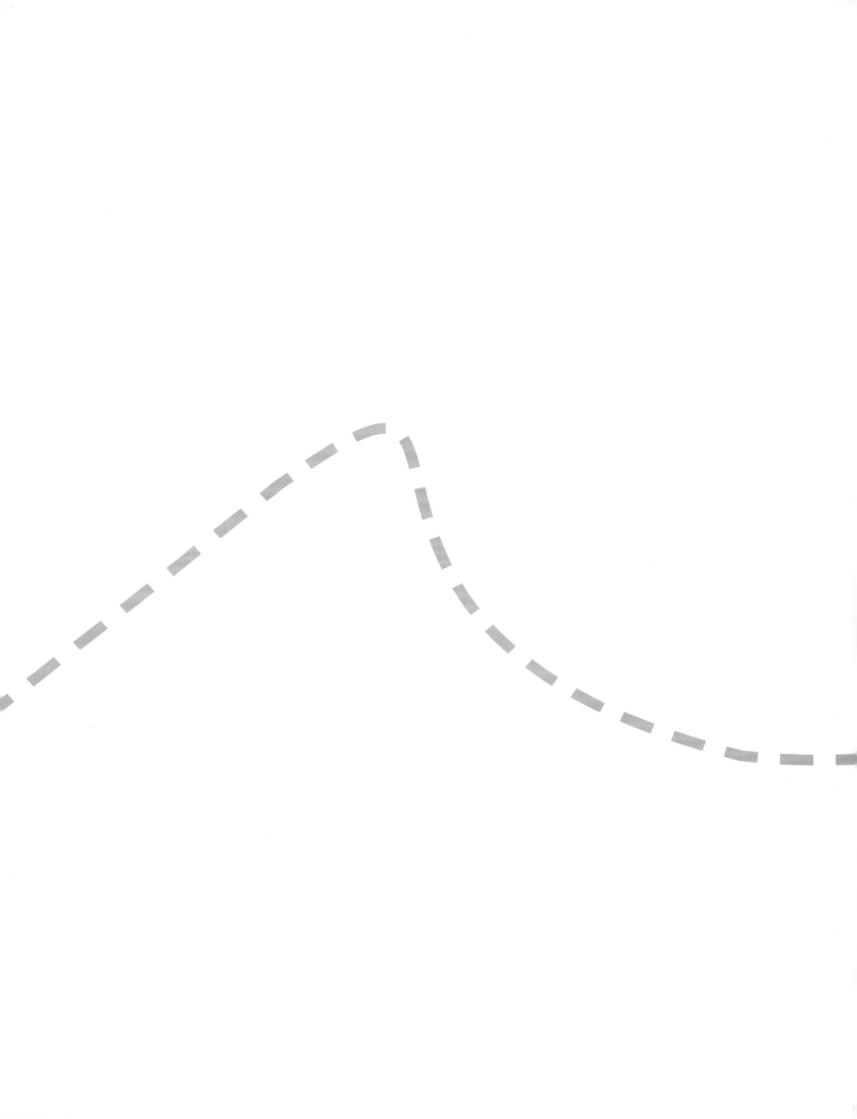

INTERVIEWS
访谈录

# KONGJIAN YU'S OPINION OF LANDSCAPE DESIGN
# 俞孔坚的景观设计观

俞孔坚

哈佛大学设计学博士，长江学者特聘教授，国家千人计划专家
北京大学建筑与景观设计学院院长，教授，博士生导师
美国哈佛大学景观设计与城市规划兼职教授
北京土人景观与建筑规划设计研究院首席设计师
美国景观设计师协会会士（FASLA）

俞孔坚开创了生态安全格局及"反规划"理论和方法，并系统地应用于国土、区域和城市的生态规划实践；他主持完成了中国国土生态安全格局、北京市生态安全格局的规划研究和台州、威海、广州、遂宁、东营、菏泽等多个城市和地区的生态规划；他提出通过建立生态基础设施综合解决生态环境问题，并付诸实践，主持完成了一系列具国际影响的城市生态示范工程，包括对生态防洪、水生态净化、雨洪生态管理、工业废弃地生态修复、海岸带和绿道设计、生产性景观和绿色建筑等课题，设计了一系列可复制的模式，并在中外200多个城市推广，获20多项国际重要奖项，曾9度获得美国景观设计师协会颁发的年度设计奖，其中2次获得年度杰出奖，3次蝉联世界建筑节全球最佳景观奖，3个设计获国际建筑奖，并获ULI全球杰出奖，2011美国建筑奖和中国第十届美展金奖等国内外重要奖项。这些作品以当代性和鲜明的中国特色，以生态和人文的精神，赢得国际声誉；他把城市与景观设计作为"生存的艺术"，倡导白话景观、大脚革命和大脚美学，以及"天地—人—神"和谐的设计理念。

（编者按）自然生态，国土安全，人文乡土，是俞孔坚景观与建筑设计的核心理念，也是他突破原有城市园林规划设计路数和技术框架，引起学术界普遍关注和规划建筑设计界褒贬争议的焦点所在。俞孔坚1987年获北京林业大学园林系硕士学位，留校任教5年后，留学美国，1995年获哈佛大学设计学博士学位，主攻景观规划和城市设计。1998年回到国内，先后担任北京大学景观设计学研究院院长、建筑与景观设计学院院长。其主持的城市和景观设计作品多次荣获国际、国内大奖。

## 国土生态安全还有救吗？

**《设计家》：1998年您在哈佛毕业并工作一段时间后回到国内，屈指算来已经15年。现在回过头来看，您这些年在城市景观和建筑设计领域一边教学，一边实践，荣誉多多，建树多多，引起的震动争议也不少。请问您是怎么看自己的？**

过去的十几年中，中国大地景观的巨变，五千年未尝有过。景观是社会形态的反映，是社会的价值观、审美观和整体意识形态在大地上的烙印。从这些大地景观格局与过程的巨变中我们也看到，我们始终在学习、在觉醒、在认识人与自然和谐的意义、在领悟生存的真谛。在有限的篇幅里，要全面展现这一史诗般的宏大场景，显然比较困难。我只能从个人的经历，类似于一场大剧中的一个群众演员，来回顾一下自己是如何踩着时代跳动的节律，演着自己的角色。

**《设计家》：在众多观点中，您对国土生态安全问题的警醒呼吁，似乎超出了一位设计师的职责，而是一位人文学者的情怀与关切。**

国土生态安全和人地关系和谐是当代中国的头等大事。不明智的土地利用和城市扩张使大地生命机体的结构和功能受到严重摧残，使大地生态系统的服务功能全面衰退，包括洪涝和干旱灾害频繁、地球生命系统的自净能力下降、物种消失、城市特色破坏等。十多年来，正是针对中国严峻的人地关系、国土生态安全和城市化等重大命题，我自己及所在的团队进行不断的理论与实践探索。我力图在生态科学与景观、城市及区域规划实践之间架起桥梁，使关于生命土地的科学认识在景观界面上体现为物质空间的结构语言，最终使土地利用及城市发展的规划更科学明智。

**《设计家》：我们注意到，您率先比较系统地提出景观安全格局的理论与方法，继而提出"反规划"概念和基于生态基础设施的规划方法论，全面地应用在国土规划、城市与区域规划、新农村建设规划中，并在国家有关部委办主持的规划建设决策中发挥积极作用，完成多项具有国际影响的示范工程。**

在研究中我认识到，中国人地关系紧张矛盾的解决途径，并不仅仅在量的关系中，而更重要的是在空间格局的关系中。为此，早在哈佛大学读书期间，在博士论文中我就提出景观安全格局的概念（Landscape Security Pattern），试图通过建立关键性的景观格局来维护国土生态安全。受中国围棋空间战略的启发，我提出通过对空间中关键性格局的控制，以高效地保障某种自然和人文过程的健康和安全的设想，即景观安全格局。其研究特点是把水平景观过程作为一系列控制的过程，需要克服空间阻力来实现对景观的覆盖和控制。要达到最有效的景观覆盖和控制机会，就需要占领具有特殊战略意义的元素、局部、空间位置及联系。在中国人均土地极其有限的背景下，景观安全格局在如何高效地利用土地方面，特别是对协调保护与土地开发之间的矛盾具有实际应用价值。

## 生态基础设施如何保护

**《设计家》：认识到国土生态安全危机，是意识问题，不难；难的是，通过什么机制和路径去实施保护和救助。**

在研究中我们认识到，中国国土生态安全问题的主要根源，在于政府职能部门之间的条块式管理和以单一功能为目标的"小决策"，体现在土地上各种生态过程和景观格局被分裂和破碎。为此，在景观安全格局的理论研究和大量城市与区域景观的规划实践相结合的过程中，我和北大景观设计学研究团队系统地提出和完善了"生态基础设施"（Ecological Infrastructure，简称EI）概念，用以整合生态系统的各种服务，将各个单一过程的景观安全格局，在大地上整合成为完整的景观安全网络，进而提出建立城市、区域和国土 EI 的空间战略。

EI 是城市及其居民能持续地获得生态系统服务（Ecosystem's services）的基础，这些生态系统服务功能包括提供新鲜空气、食物、体育、游憩、安全庇护以及审美和教育等。它不仅包括习惯的城市绿地系统的概念，而且更广泛地包含一切能提供上述自然服务的城市绿地系统、林业及农业系统、自然保护地系统，并进一步可以扩展到以自然为背景的文化遗产网络。正如城市开发的可持续性依赖于具有前瞻性的市政基础设施（道路系统、给排水系统等），城市生态的可持续性依赖于前瞻性的EI。生态基础设施这一名词本身并非我首次提出，国际上有人曾经用过EI名词，但都只作为一个描述性词汇出现在生物保护领域中。我的贡献在于将 EI 进行了系统而明确的定义，并将其作为整合各种生态系统服务功能和遗产保护功能的景观格局，从而发展成为一个引导和定义城市空间发展的基础结构。具体体现在三个方面：

其一是将 EI 与综合生态系统服务功能结合起来，强调基础性景观结构的综合服务功能，包括雨洪管理、生物保护、遗产保护和休憩等，使 EI 具有科学的功能衡量指标，提高了国土规划、城市与区域规划，特别是国土生态安全规划的科学性。

其二是将景观安全格局作为判别和建立生态基础设施的基本技术手段，并与地理信息系统和空间分析技术相结合。

其三是将 EI 作为国土生态安全，城市和区域发展的基础性结构，并在宏观、中观和微观 3 个层次上与现行国土和建设规划相衔接，成为生态文明建设的空间基础结构。

我和我的团队完成的国家环保部委托的科研项目"国土生态安全格局研究"，以及北京市国土局委托的"北京市生态安全格局研究"，使我们检验了从国土到区域和地方各个不同尺度的生态基础设施网络建立的系统方法。有望在不久的将来，推广到全国各地的国土与城市规划中。

## 为何提出"反规划"概念？

**《设计家》：无论是城市景观，还是城市建筑，现代化城市建设都离不开规划设计，而您提出的"反规划"概念，让很多人感到震惊。请您简要介绍"反规划"概念的内涵及用意。**

在研究中我们认识到，现有城市与区域发展规划方法（即"人口—性质—布局"模式），并不能使具有综合服务功能的生态基础设施得以实施，生态与和谐的理想很难在这种发展规划模式下实现。为此，我们提出"反规划"途径，并实践了从"逆"的规划方法和"负"的规划成果入手，通过建立生态基础设施，引导和定义快速城市化背景下的城市空间发展。该途径强调：

一种"逆"的规划程序——首先以生命土地的健康、安全的名义，以持久的公共利益的名义，而不是从眼前的开发商的利益和发展的需要出发，来作城市和区域的土地规划。

一种"负"的规划成果——颠倒城市建设与非建设区域的图底关系，在规划成果上体现的是一个强制性的不发展区域及其类型和控制的强度，构成城市的限制和引导性格局，而把发展区域作为可变化的"图"，留给市场去完善。这个限制性格局同时定义了可建设用地的空间，是支持城市空间形态的框架。它不是简单的"留白"或仅仅是不建设区，而是生命土地完整的、关键性结构。

一种综合的解决途径——"反规划"途径试图通过建立生态基础设施（一种保障自然和人文过程安全和健康的景观安全格局），综合而全面地解决国土生态安全问题、城市生态、特色以及形态问题。

**《设计家》："反规划"不是不要规划，而是整体生态学意义上的规划。**

对。经过多年的研究，我们已经形成了一整套可操作的方法和大量案例。"反规划"是中国版的景观都市主义（Landscape urbanism），也是中国当前生态规划的可操作途径。"反规划"一经发表，便在城市与国土规划、文物保护和环境保护领域引起强烈反响，出现两种完全不同的评论，并引起规划界一些"权威"的强烈抵制和封锁。另一方面，我们却看到"反规划"得到许多地方和部门的广泛欢迎，看到北京的总体规划始于"反规划"，深圳大张旗鼓地进行"反规划"，还有台州、东营、菏泽等城市，都在"反规划"中找到了走出传统规划死胡同的路径。在由发改委主持的中国主体功能区的规划中，我们同样看到"反规划"所起的作用。近几年来，建设部从《城市规划编制方法修编》到《城市规划法》的修改，都或多或少受到了"反规划"思想的影响。

**《设计家》：有时候，改变一个概念就是打开一扇门户，通向一个广阔的世界。**

"反规划"概念预示着一种改变，那就是景观而非建筑，将决定城市的发展形态和特色；是生态过程和格局，而非人口与社会经济的预测和假设，应该并终将决定城市的空间发展和布局。

## 城市景观规划的目标是什么？

**《设计家》：城市寸土寸金，但是，城市的土地与农村的土地属性是一样的，土地上的景观可以饱眼福，还可以饱口福。**

千百年来，我们的先民不断地和自然界作较量与调和，以获得生存的权利，这便是景观设计学的核心，是一种生存的艺术。而这门"生存的艺术"，在中国和世界上，长期以来却被上层文化中的所谓造园术掩盖了、阉割了。虽然造园艺术也在一定程度上反映了人地关系，但那是片面的，很多甚至是虚假的。因此，要确立景观设计学作为生存艺术，必须拨开云雾见太阳，必须从批判和揭露封建士大夫的传统园林开始。为此，1998年前后，我就对所谓园林"国粹"写了一系列的批判性文章，并同时对中国过去几十年的城市园林绿化误区进行了揭露。这种揭露体现在包括对圆明园防渗工程的批判中。

**《设计家》：我们上次访谈中，您就提出景观设计中要来一场白话文运动。**

传统园林的审美观和价值观是当代中国城市环境建设、城市化妆运动等种种误区的重要根源，是新文化思想运动必须、却没有能扫除的封建残余。这些批判也为当今某些视中国古典园林为国粹的遗老遗少们所不容，实际上他们在很大程度上误读和歪曲了我的立场和观点。

我的立场是：传统园林是一份宝贵的遗产，切勿以继承和发扬祖国优秀传统的名义，赋予遗产以解决当代中国所必须面对的环境问题的重要使命，中国需要新的园林，甚至新的学科，即景观设计学。它在中国另一种传统中找到其源头，这种优秀的传统是关于人与土地关系的生存的科学与艺术，而不是帝王士大夫的消遣艺术。这种生存艺术的传统是中国大地之所以充满诗情画意的真实基础，是丰产的、安全的、美丽而健康的"桃花源"的基础。

**《设计家》：在现代城市规划设计建设过程中，我们是否可以激活"桃花源"的生活理想呢？**

在当代中国，人与自然的平衡再一次被打破，农业时代的"桃花源"将随之消失，中华民族的生存再一次面临危机，包括环境与生态危机、文化身份丧失的危机和精神家园遗失的危机。这也正是景观设计学面临的前所未有的机遇，景观设计学应该重拾其作为"生存的艺术"的本来面目，在创建新的"桃花源"的过程中担负起重要的责任。为了能胜任这个角色，景观设计学必须彻底抛弃造园艺术的虚伪和空洞，重归真实的、协调人地关系的"生存艺术"；它必须在真实的人地关系中、在寻常和日常中定位并发展自己，而不迷失在虚幻的"园林"中；在空间上，它必须通过"反规划"来构建生态基础设施，来引导城市发展，保护生态和文化遗产，重建天地一人一神的和谐。正像古代的"风水"格局维护大地自然过程的健康和安全一样，当代中华民族的生存，依赖与建立在一个能维护生态过程安全与健康的生态基础设施之上，这因此也将是当代景观设计学的核心内容。

## 什么样的城市景观最健康

**《设计家》：您把现代中国城市景观设计的一些乱象比拟为封建士大夫阶层崇尚的"小脚"美学，以病为美。与之相对应，您极力倡导自然美、野草美、丰收美，让人耳目为之一新。**

中国城市之所以贪大求洋之风盛行、景观庸俗堆砌，根源在于小农意识、暴发户意识和封建集权意识之积垢。不扫除这种积垢，高品位的城市景观就不可能形成，节约型的生态城市就与中国无缘，广大乡村的乡土文化景观和乡土自然景观也将得不到保护，中国的人地关系危机将不可能解决。我们的城市、建筑和景观，如同当年胡适批判过的文言文一样，充斥着"异常的景观"或称之为景观的文言文。它们言之无物，无病呻吟；远离生活、远离民众、远离城市的基本功能需要；它们不但模仿古人，更拙劣地模仿古代洋人和现代帝国洋人。

**《设计家》：看似简单的城市景观绿化，分析其背后的精神文化心理，就可以看出一种人文精神和价值取向。**

看那些远离土地且远离生活的、虚伪而空洞的、所谓"诗情画意"的仿古园林，交配西方巴洛克的腐朽基因，附会以古罗马废墟和圆明园废墟的亡灵，再施以各种庸俗不堪、花枝招展的化妆之能事，便生出了一个个中国当代城市景观的怪胎。而要扫除封建积垢，创造当代中国的景观和城市，就必须将新文化思想运动进行到底，彻底批判两千年来的封建意识形态，在专业上要批判帝王和封建士大夫的传统造园思想，倡导足下文化与野草之美，回到土地，回到平常，回到真实的人地关系中，创造新中国的新乡土。这种新乡土是源于中国这方土地的、满足当代中国人需要的、能用当代技术与材料最有效地解决当代中国所面临的生态与环境问题、能源与资源问题，也就是中国人的持续生存与生活问题的新景观。

## 如何善存人文乡土文化景观？

**《设计家》**：近30年的城市化浪潮，我们有很多经验和教训，值得深刻反思，在新一轮城镇化建设中要趋利避害，尤其是不要重蹈覆辙。

也是基于对乡土景观和白话景观的认识，我们开展了乡土文化景观的研究，并从中学习。我开始发现乡土景观魅力的是20年前的"风水"研究。在很大程度上，"风水"是一种乡土景观，它不同于士大夫和皇家的建筑和景观，深层的含义乃是其生存的艺术。为此，我从人类系统发育过程中的生存经验和民族发展的文化生态经验两个层面，对"风水"模式的深层含义进行了揭示，提出理想"风水"模式乃是中国人生物与文化基因上的图式。

**《设计家》**：请问有这方面的实践案例吗？

1998年之后，关于乡土景观的研究扩展到了更广阔的田园和聚落，并更多地与规划设计实践相结合。从研究云南红河地区的乡土文化景观开始，到川西平原乡土文化景观的研究和设计实践、藏区文化景观的研究和设计实践，再到最近针对新农村建设可能带来的乡土景观的破坏，进而对广东顺德的马岗村规划案例的研究，这些都反映了我对乡土景观的迷恋。这种文化景观的核心部分是田园，是一种生存的艺术，是真善美的和谐统一，是千百年来人类与自然过程和格局相适应的智慧结晶，它承载了特定地域人们的生存与生活的历史，同时也为当代人应对生态环境和能源危机带来新希望。

**《设计家》**：新农村建设掀起广大农村，尤其是中西部地区从来没有过的造城运动，有什么机制、措施、办法可以避免千城一面？

面对新农村建设高潮的来临，我预感到大规模的乡土景观破坏即将来临。于是，当2006年中央一号文件一出台，便向国务院领导提出了关于保护和谐社会根基的两项建议，即《尽快开展"国土生态安全格局与乡土遗产景观网络"建设的建议》和《关于建立"大运河国家遗产与生态廊道"的建议》。获得国务院领导的高度重视，并分别为国家有关部门所采纳，积极推动国家文物局开展第三次文物普查，并注重乡土文化遗产，也积极推动了大运河国家遗产廊道的研究，以及大运河申遗工作，并推动了国家环境保护部进行国土生态安全格局的研究。也是基于对乡土景观和白话景观的认识，我们开展了中国工业遗产的研究和改造利用实践。

**《设计家》**：废弃在农村郊野的工业遗存也应该属于人文景观的元素。

正像我们曾经不文明地对待古城古街一样，我们正在迅速毁掉工业时代留在中华大地上的遗产。为此，从1999年开始，北京大学景观设计学研究院和土人设计就开始了工业遗产的研究和保护实践，其中完成了广东中山粤中造船厂的改造利用工作（岐江公园），此后，又主持了沈阳冶炼厂旧址设计、苏州太和面粉厂改造设计、北京燕山煤气用具厂旧址利用设计、上海2010年世博园中心绿地设计前期研究，以及首都钢铁厂搬迁的前期研究工作。我们从众多的成功和失败中积累了经验，同时借鉴国际工业遗产的研究成果和实践案例，特别是国际工业遗产保护宪章。在此基础上，我于2006年4月向国家文物局提交了《关于中国工业遗产保护的建议》，并主要起草了旨在保护工业遗产的《无锡建议》。2006年4月18日，由国家文物局主持，在无锡召开的中国首届工业遗产会议上通过了《无锡建议》，标志着中国工业遗产保护工作正式提到议事日程。

## 什么是决定景观建筑设计的核心要素？

**《设计家》：这么多年来，您的皮鞋上经常沾着泥土，您的背后经常背着一个双肩包，我们始终关注着您来去匆匆的身影，期待着您能够为现代城市景观设计、为美丽中国的梦想贡献智慧。您觉得决定景观建筑设计的核心要素是什么？**

人才是关键，有新观念、有创新能力、有动手能力的人才是核心要素。在中国现行体制下，生态规划的理念和成果必须通过城市和区域建设的决策者来实现，教育和感化他们不得不成为当代科研工作者的重要责任。为此，我珍惜一切机会，亲自给国家行政学院的市长班和部长们授课，受益干部数以万计。如果景观是人类意识和价值观在大地上的投影，那么，通过改变决策者的价值观和环境意识，便是创造良好景观的最有效途径。

**《设计家》：教育启发各级政府官员是一种有效的途径。**

单一的科研和项目不足以解决中国系统性的人地关系危机，而传统学科在应对严峻的国土生态安全危机方面又有很大局限，重建人地关系和谐的重任有赖于一个新的学科体系和大量专业人才。他们必须有对土地伦理的清晰认识、系统的科学武装、健全的人文修养并掌握现代技术。这样一门对土地进行系统的分析、规划、保护、管理和恢复的科学和艺术就是景观设计学，更确切地说是"土地设计学"。为此，我不遗余力地推动学科建设和人才培养，与我的同事们一起创建了北京大学景观设计学研究院，并在地理学科下开创了景观设计学理科硕士学位点和风景园林在职专业硕士学位点。由此，极大地带动了全国相关专业的学科建设，并直接推动了国家有关部门新设的景观设计师职业的确立，并定义该职业为：协调人地关系，使城市、建筑和人的一切活动与生命的地球和谐相处的科学和艺术。

**《设计家》：十年树木，百年树人。功在当前，利在长远。**

十多年的努力，使我深刻认识到，要解决中国严峻的国土生态安全和人地关系危机，必须系统地突破和创新，包括观念、理论、方法、教育体制和人才培养模式，甚至包括"科学研究"本身的概念和机制，并投身于社会实践。只有这样，"科学发展观与和谐社会"、"再造秀美山川"、"创造生态文明"才不会成为空话。这些便是我15年来之所思所虑者，也是15年来我之所言所行者，是也非也，聊以为善论者资；成乎败乎，聊以为后来者鉴。

# FUSE THE LOCAL CULTURE
## 融合本土自然文化

葛思诚 Christian Dierckxsens

Christian Dierckxsens
阿特金斯副董事

**《设计家》：您是如何开始对景观设计感兴趣的？您为什么会选择这一职业？**

自幼我已热爱大自然，喜欢户外的工作。

回想在十一岁的时候，我已经在数年间将自家后院设计了一遍又一遍，并自己栽种植物。长大以后，假期间我在景观设计工作室当暑期实习，加入施工现场的承包团队。在年轻时已有机会接触如此大型的建设项目，实在难得。我对景观园林由视之为单纯的兴趣提升到对景观园林充满热情，更想不到这成了我未来从事的事业。

在中学时期我就读于园艺学校，进修景观园林设计成了理所当然的下一步，随后我入读比利时布鲁塞尔大学。

23 岁时，我在安特卫普开设自己的景观园林设计工作室，并与当地一家景观承包商合作。随工作量增加及已建项目的作品日增，渐渐建立专业事业，并一步一步迈向成功。

**《设计家》：请谈谈您作为景观设计师的职业历程，有哪些不同的阶段？**

自 1995 年起，我自设的景观设计事务所主要承接比利时国内的住宅和工业项目，后来我参加东南亚的国际设计竞赛成为事业的转折点。

不久我获得了在马来西亚布城多个景观规划项目的机会，也参与了吉隆坡的总体规划研究。项目的规模与性质令我极感兴趣，这个地区有大量同类机会，我希望在此发展我的事业。

后来，我前往伦敦继续进修，并取得景观设计硕士学位。指导我的一位大学教授介绍了一份香港的工作给我，而我早年在亚洲已对此城市十分熟悉。

2002 年我移居香港，开始为美国景观规划公司易道工作。我负责多个景观项目，尤其是大型总体规划项目，如海南石梅湾 1200 万平方米的海滨度假村、天津总体规划，及澳门路凼总体规划发展项目。

经历了将近 20 年的景观工作实践后，我现在在阿特金斯带领深圳及香港设计工作室的景观团队，在跨专业的团队中以协力共融的设计理念，贯穿于每一个项目实践中。

**《设计家》：您的景观设计主张是什么？**

我经常以现代化的景观概念融入及美化当地的环境，并注重结合自然及本地文化。此外，我相信在优美的设计之外，必须要考虑如何保护及培养自然系统，以确保带来基地内的真正生态利益。

环境保护的长远目标主要在大型的规划项目中得以发挥，设定整全的方针及全面理解景观元素是进行任何设计之前的前提基础工作。

**《设计家》：您的代表作品有哪些？分别实现了您怎样的设计理念？**

已建成的项目常常是设计的最佳代表作品，因为设计师可以经历整个由概念到实施的设计过程，让设计师在过程中面临技术限制，挑战不同的设计条件限制，种种困难与挑战变成难忘又充实的经验。

以下是我曾担任设计师及项目经理的作品：

（1）中国天津海河堤防——城市江滨景观设计

整体公共空间设计范围包括天津文化区内 3.5 公里长的海河两岸，设计灵感来自巴黎塞纳河，以巧妙的河岸设计鼓励亲水互动空间。

我在现场工作超过四个月，工作包括视察施工工艺及现场样板，并到访当地供应商厂房及苗圃以选择石材及苗木品种。

（2）中国海南石梅湾景观总体规划——生态度假村总体规划

石梅湾总体规划项目至今仍是海南省的最大型度假村发展项目，占地为 1200 万平方米，海岸线长达 5 公里。

项目的成功取决于仔细整全规划方针，将现有景观元素如水流及天然的沙丘保护区作保留及特别处理，完全融入发展项目。

（3）中国广州富力君悦酒店——酒店景观设计

本项目占地约 6000 平方米，设计主要集中于连接两栋建筑的裙楼，并利用三角形的大理石设计图案来与建筑设计元素相互呼应，为酒店项目增加整体现代感。在上落客区旁的特色水景及中央水池，为宾客带来独特的抵达体验。

（4）中国重庆隆鑫中心——公共开放空间

隆鑫中心公共空间项目现于方案设计阶段，将成为重庆商圈最重要的公共空间之一。阿特金斯的建筑设计师获委任进行本三座综合楼项目，景观设计师必须与他们紧密合作，配合机电及对应不同的建筑设计界面，如天窗、街景及地下停车场的承重要求等。中央广场在发展项目的中心，以中央水景凸显其优越位置及重要性。

**《设计家》：在景观设计专业领域，您近期关注的问题有哪些？**

景观设计专业于区内的认可及需求日增，很多时景观设计服务已经成为跨专业设计手法的一部分。

景观设计师同时应被视作团队里的要员，因为这个专业对整全的设计手法拥有最宽广的理解。虽然我们不一定拥有工程师的技术专业，但在理解一个项目各层面及相互之间的关联，例如天然环境及人的因素，景观设计师最能掌握。景观设计师应留意不用成为各专业的专家，但要成为将各专业综合统筹的专家。

如此整全的项目设计目标及尊重各专业对项目的贡献，将改变及改善我们生活与工作的环境。

**《设计家》：景观设计如何回应当地自然、人文特点？**

阅读理解基地，先于任何设计工作。研究及调查上位基地环境，同样能够产生设计机遇或辨识出须予迁就的限制。

仔细融合现有的天然和文化特色不仅仅能为项目的整体形象增值，更于各规模层面带来极大的设计灵感。

就如我先前介绍的石梅湾项目，结合缓冲区保护现有水道，不单单使基地的生态质量得益，更成为发展项目内独特的景观元素，经过审慎的融合后，成为康乐休闲的资源。

我现正在成都设计数个大型住宅发展项目，设计的每个公共空间，均充分考虑成都当地独特的悠闲生活方式。规划中并没有设置大型广场，取而代之的是于山间的小型庭院及平台，创造社交及品茶的独特空间。景观设计融入传统中式木框窗等当地的工艺，创造不同层次的体验，传承当地文化传统。

**《设计家》：如何在景观设计中考虑生态问题？**

项目启动之始就应重视减低对自然环境的影响。过去 12 年我在国内的经验是，业主对保护环境的意识及意愿与日俱增，但我们知道，这不是必然的，对生态关注的前路仍然漫长。

要发展切合环境的景观设计，包括各项缓解措施，业主的全力支持实在不可或缺。缓解措施一般需要较高的投资额，然而，成功的设计在运作若干年后必定会带来较高回报，在一些情况下，会产生绿色标签，整个项目的品牌及形象得以提升。

环境影响评估调查在香港十分普遍，景观设计师在保育树木或山体斜坡方面担当重要的角色。采纳的设计措施适用于设计阶段及施工阶段。

**《设计家》：如何看待景观设计中传统与现代的问题？**

我相信很多景观设计师及建筑设计师常被要求提供古典或传统的设计时，条件反射地予以拒绝。经过多年以来累积的设计经验，我渐渐不会这么严肃看待，开始理解所谓"现代"与"传统"是很主观的，业主不一定拥有相关的设计或建筑背景。因此，设计师必须与业主通过讨论对话，增加了解，及要求详细的任务书。有时可把握机会游说业主选取某一设计方向，但我总是鼓励灵活的设计方针，而不把自己规限在特定的设计风格。成功的设计恒久隽永。对我而言，空间布局、功能，以及将天然、文化与环境的价值融入设计，更为重要。

过去我曾有机会进行天津成都道的街道及景观设计服务，这是天津于 20 世纪初的前英属殖民地，建筑物深具装饰艺术风格。透过师法传统幕墙图案及使用传统砖面材料、色及尺度，取得新旧平衡。

**《设计家》：您如何考虑景观设计项目实现后的长期维护问题？**

人造景观需要适度的日常维护，设计师总是应该避免需要过度维护的设计，并考虑到公共空间的有效运作，不论是软质景观及硬质景观均如是。

选用本土植物品种，能适应当地气候，以减低灌溉的要求，也可能减少使用杀虫剂。植物及绿篱需要定期修剪，在国内的高速公路的路间种植随处可见，目标是美化环境，但这些园景的可持续性不高，因需要高度维护。在此我会建议采用本土品种植物绿化园景，效果更佳。

**《设计家》：您如何看待景观设计领域发展的现状？您认为景观设计这个领域近年来发生了哪些重要的改变？未来的发展有怎样的趋势？**

对于景观专业的看法的确有所转变演化，过去仅被视为"美化"环境，现今景观设计师获得越来越多的发挥机会，能于大型项目担任过去仅由建筑师或工程师担任的主导角色。

如我于上文所述，景观设计师必须肩负跨专业团队之间融合各种专业的责任，产生化学作用，提升项目价值，于关键时刻透过强大的目标及落实设计策略令事情朝向更好的方面发展。虽然挑战非常大，尤其是面对自我及历史的看法的时候，但这却正是景观设计师的专业责任所在。

# LANDSCAPE CREATS DREAM
## 景观造梦

杜昀

毕路德建筑顾问有限公司 合伙人，总建筑师
加拿大安省建筑师协会会员，注册设计师
加拿大室内设计师协会会员，注册室内设计师
北美（美国，加拿大）室内设计资质
深圳市规划国土局，专家库成员

**《设计家》：毕路德是一个知名的设计品牌，能否和《中国新景观》的读者分享一下公司的发展历程与发展战略？**

如果用一个词来形容毕路德（BLVD）发展至今的 12 年历程，我想应该是"幸运"吧。我们这一代设计师所生活的环境为我们提供了大量的机会。其实建筑设计与景观设计的项目总量相对于其他行业来说是比较局限的，很多房子盖完就不会再盖，一个城市公园设计建成短时间内也很难再造，因为我们恰巧处于这个快速发展的时代中，市场的需求量大，才使得我们设计公司更容易取得成功。关于未来，毕路德会更加澄清和提出自己的设计思想和理念，凸显个性特征，通过自己的努力为设计行业作出一些贡献。我们未来 10 年的发展目标是把毕路德（BLVD）发展成为国际上认可的高端的设计品牌。

**《设计家》：贵公司近年来在建筑、景观、城市规划与室内设计等设计领域的发展可谓气势如虹，早已闻名于当代中外室内设计界的"思与境偕，心为景悦"设计理念就是毕路德提出的。那么，就景观设计而言，毕路德一贯的设计主张是什么？ 如何在作品中体现这种设计主张？**

毕路德的建筑、景观作品虽然类型众多，分布广泛，但无一例外地都将"建筑景观一体化"的设计观点体现在项目的每一个细节之中。要如何理解"建筑景观化"和"景观建筑化"？我想将景观和建筑看作一体化是较为恰当的。在毕路德设计团队眼中，总会希望建筑能更多地融入自然景观之中，特别是一些旅游建筑。怎么让它融入山水之中呢？就是让它长得跟山水有点儿像，这可以作为建筑景观化的一种说法，但并不是这么直白。

实际上我有两个想法：第一，我不希望建筑和景观被截然分开（包括室内环境），我更希望我创造的是一个整体的环境，这就好比圆明园不是一个孤立的建筑形态，它是和景观在一起的；第二，我们的景观是有更多规划形态的景观。这种景观通过一种建筑化的表达形态，也就是城市形态化去表达这种景观的魅力和冲击力，通过这些景观元素，还有规划出来的空间（这些空间又跟建筑融合在一起），你能感觉到这些空间也是建筑空间的一部分，而不是单独的一个景观区域。这就是我说的"建筑景观化"、"景观建筑化"，更多应该理解成建筑和景观应该是一体化的。

**《设计家》：代表作品有哪些？**

遂宁河东新区滨江景观带规划（五彩缤纷路），银川艾依河滨水景观公园，泸县玉蟾山温泉度假区，金堂北河滨水景观，四川汉中阆中市城市设计以及泸州市两江滨水岸线城市节点项目……以上这些是毕路德近期已粗具规模的建筑景观项目，更多进行中的项目近况和新项目消息都能从毕路德官网与毕路德微博获取。

**《设计家》：近年来，贵公司在设计实践中重点关注了哪些问题？产生了怎样的思考？**

作为一个设计师，在设计实践中需要面对与解决的问题每天都会遇到，让我体会最深的一点，也是历史和经验不断提醒我们的一个严酷现实问题——太多的规划停留在纸面上，太多的理想成为了乌托邦。我们的理想是可以落实的项目，是可以执行的规划。我们的设计绝非是以想象勾勒虚无的美感，而是以可行性的操作实现价值。

对于大多市政公园，大多数只是将其定位成老百姓假期或饭后休息的一个公共场所，并不具备商业模式。通过毕路德设计团队多次商业模式的研究和主题讨论，我们觉得有些项目定义为带有商业设施开发的城市景观公园更为妥当，这不仅满足了市政公园的需要，而且形成了下面的商业模式：政府（或土地一级开发商）进行规划设计、建筑设计、景观设计→带设计的建筑拍卖→政府进行景观工程建设（达到市政公园的要求）→开发商自行建设经拍卖得来的建筑（按设计方案）。这个项目的实际运作结果是政府（土地一级开发商）在土地拍卖过程中获得的资金远大于其进行市政公园景观建设的需求。对于一个原本财政收入不高的政府可以为市民建设个一流的等同于发达城市的市政公园同时提升周边土地的价值，何乐而不为呢？

就这样通过创意，我们让政府巧妙地实现了土地开发，让购买土地的开发商意识到了土地的价值，让租用建筑的运营商对商业环境的未来有了信心，更重要的是让普通百姓体验到了场地精神，而且愿意在这个具有体验价值的地方消费。

### 《设计家》：贵公司在工作中遇到过哪些困难？从哪些地方得到过启发和鼓励？又是如何解决的？

就以遂宁五彩缤纷路为例，2008 年遂宁市委市政府委托毕路德决定将河东这片曾拥有千年文明积淀却在当代成为破败荒凉的河滩地变成"城市绿肺"。在综合考察了项目基地的情况之后，我们认为对遂宁河东来说，城市建设已经不再是简单的城市开发，更是一项生态恢复工程。但政府财政投入有限，试图用极少的投入去完成一件几乎看起来不可能完成的任务，不仅资源匮乏、空间有限，还面临着如何将一个原本作农业、防洪之用的大尺度荒块改良成为一片有可持续生长力的城市化滨水景观，此外，城市化进程中破坏的自然环境和生态等诸多条件也都在束缚着我们。

毕路德早在五年前就着眼于城市开发中可持续性功能的创新与研究工作，此次创见性地将"以优美江岸线为链"的设计理念在这条多彩多姿的路上进行多维度呈现，并进而将之演化成一条灵动的飘带。利用原农耕破坏的河滩土地变废弃的滩涂为生态湿地。经过重建的区域水体再现自然清洁，辽阔的水域又为野生动植物提供了多种栖息地。利用原混凝土渠化的防洪堤岸化防洪大坝为优美岸线，从而将原防洪堤岸这种危险的地带灵动幻变成可亲近、可体验的自然城市景观。设计不仅从细节入手，而且力图将生态技术渗入景观形体的各个细节中；设计也从全局把控，确保方案带来高品质的工程实现度。最终为都市文化生活带来可持续性、生态多产的多元化城市滨水区。

### 《设计家》：以上谈到的思考对贵公司的设计工作有何影响？

其实毕路德在为河东新区五彩缤纷路进行定位时，它就已经脱离了简单的"湿地公园"、"旅游景区"和"城市公园"的概念。我们的规划不仅强调需结合当地特殊的用地条件，尽可能地保存了自然原生态的元素，减轻环境负荷，有效地保持了当地环境的完整性，真正体现人与自然自由交流的和谐境界。另一方面，毕路德规划设计方案也突破了在低成本投入下进行中小城市的生态经济如何良性运作的发展瓶颈，同时满足了当代中国绝大多数经济不发达城市的景观发展需求，为发展中国家二、三线城市的未来城市化进程起了引导作用，对亚洲地区乃至世界范围内同类中小城市滨水经济景观设计起了参考示范作用。而这些正是毕路德应为当今城市化改革中的中国所担负起的一份责任吧。

### 《设计家》：请谈谈贵公司近期的重要项目。

2013 年上半年毕路德在西南多市设计的城市规划、城市公园项目已同期深入推进：

1. 四川省泸州市沿长江、涪江两江四岸 45 公里滨江岸线概念规划设计，已通过城市规划委员会审查。

其中长江澄溪口样板区段已在近期完成设计方案与施工图，进入工程实施阶段，预计 2013 年底完成。

2．四川省广安市西溪河峡谷公园设计方案，已通过城市规划委员会审查，进入施工图设计阶段。预计 2014 年开始工程实施。

3．四川省阆中市李家坝、杨家坝、林家坝地块概念规划设计方案，2013 年 3 月 27 日通过城市规划委员会审查，市委书记等领导出席。预计 2013 年底开工建设。

4．四川省成都市金堂三角洲码头公园设计，方案施工图已完成审查，进入工程实施准备阶段。

5．四川省苍溪杜里坝规划方案及滨水景观公园设计，已经进入正式施工阶段，预计 2014 年竣工。

6．蓬安县城锦屏片区滨江景观带设计方案，2013 年 3 月 28 日通过城市规划委员会审查，县委书记等领导出席，受到高度认可。预计 2013 年年底或 2014 年初开始施工建设。

7．四川省泸县玉蟾山温泉度假区项目已于 2013 年 1 月 8 日完成度假区方案评审，泸县人民政府于 2013 年 2 月 7 日与天利投资集团完成了市场运作签约程序，标志着该项目的招商环节已稳步启动，正式进入实施阶段。

8．陕西省汉中市天汉文化公园设计，已进入正式施工阶段，2013 年内将全线动工。

**《设计家》：请跟我们分享一下接下来的计划及期待。今后，贵公司又将贯彻怎样的设计理念呢？**

如今的毕路德不仅以"建筑、景观、室内"三位一体的综合设计实力在国内设计界一马当先，近年来更是凭借其"止于至善"的设计理念打造出的作品屡次斩获设计行业国际性大奖，中国国内市场、诸多重要客户、设计业内等多方也均对毕路德未来的发展状况非常乐观。未来的 5~10 年，毕路德必将成长为中国最具竞争力的顶级设计公司。我们会更加澄清和提出自己的设计思想和理念，凸显个性特征，通过自己的努力为设计行业作出一些贡献。我们未来十年的发展目标是把这个品牌发展成为国际上认可的相对高端的设计品牌。

**《设计家》：在公司里，您既是毕路德董事、总经理，又是总建筑师，多重身份下您是如何定位和平衡自己的？**

我就是建筑师！尽管我是公司的创始人之一，是公司的股份持有者，但是在工作中，在团队中，我更多的还是扮演着一名建筑师的角色，做一些设计技术工作。而公司中人力资源、营销、行政，包括品牌宣传等工作都是由专业团队来负责的，每个人都能把精力放在自己比较擅长的事情上。我希望形成一种企业模式——让专业的人管专业的事。

**《设计家》：您眼中的完美设计应该具备哪些品质？**

在我看来，完美的设计应该满足形态上的原创性，即陌生化原则；内容上的意境感，即诗意化原则；精神上的宗教化，即哲理化原则。

和所有伟大的设计一样，毕路德的作品始终如一地追求着"始于简单，止于至善"的设计境界，力求扎根于此地、超越此时，并演化成融合于彼刻的永不过时的城市风景。

# SELF-CONSCIOUS OF RIGHT
# 权利的自觉

庞伟

广州土人景观顾问有限公司总经理兼首席设计师
北京土人景观与建筑规划设计研究院副院长
北京大学景观设计研究院客座研究员
广州美术学院设计学院客座教授
2002 年美国景观设计师协会（ASLA）年度最高
奖项——荣誉设计奖

## "权力"与"权利"

**《设计家》：与城市规划、城市建筑相比，您如何理解景观在社会、人文等方面的独特意义？**

景观的意义在于它的复合性，它包含了与社会、人文、生态等各方面的联系。这种联系性是宝贵的，因为它打破了过去只是从城市规划看城市，或是从建筑看城市的单一视点，引入生态和社会学的观念，综合地看待我们的社会和城市，这是景观学科的优势。

今天的中国，可能最大的问题不是技术上的落后，而是观念。现在楼盖得很多，室内也往往装饰得金碧辉煌。只要持续地向西方学习，总有一天技术差距会越来越小。但仅仅关注技术还是有失偏颇，我们花出去的钱数量很大，做出来的东西在内心唤起的感受却不一定那么理想，不一定那么柔软和亲切，这可能就是我们今天为什么还要谈景观问题的原因之一。

**《设计家》：这些年您从北至南到过很多城市，做了大量的项目，成长和工作履历也比较曲折，这对您的景观理念产生了怎样的影响？**

我的成长经历和景观一样，也是复合性的。我是山东人，从小在青藏高原的西宁长大，之后在广州待的时间超过了我人生的一半。小时候在西北的阅历、血统当中山东人的 DNA 都在起作用，最后产生了一种复合性的东西。我是一个矛盾体，西宁是亚寒带，广州是亚热带，西宁极冷而广州极热，西宁极干而广州极湿，这是两个极致。所以从小到大，从冷到热，冰火两重天，不矛盾不可能，不焦灼不可能。

但作为 20 世纪 60 年代出生的人，小的时候还是"文革"，无产阶级专政下继续革命，成年却是市场经济，不管黑猫白猫抓住老鼠就是好猫，也是冰火两重天啊！但是 60 年代的人，常有自己的理想和责任感，想要有所作为。快乐不快乐、幸福不幸福在于你能不能实现自我的一些梦想——这一点在我们这代人身上的烙印很强。我之前在政府工作，沾过房地产的边，也在设计院趴过图板，现在又在做景观。我说自己是野生知识分子，意思有二：一是身处体制外；二是我一直处在质疑的状态，是正统知识体系的边缘或外在状态。说起来，我们这代人十岁之前的话语体系是崩溃的，或者说，这是我们这代人理所当然的条件反射，那些台面上的振振有词的东西，它是对的吗？就像北岛有首诗叫《我不相信》。另一方面，这个"不相信"和我们"相信"的东西又是并行不悖的。80 年代有一套《走向未来》丛书，每一本拿到手我都如饥似渴地读完，过几天觉得不过瘾再读一遍。那是那个年代难得的好书，讲科学史，讲世界地理大发现。因此，我们是在相信一些东西的同时，质疑另外一些东西；我们在摧毁一些东西的同时，形成一些新的东西。当时还读了雨果的《巴黎圣母院》、《九三年》，里面的闪光点，就是人道主义。今天我把景观用两个词分开，权力和权利，后一个权利，就是雨果这批人，或是法国大革命给我们昭示的一条路，即对权利的尊重、肯定，以及这个前提下带来的一种景观价值观和社会价值观。

历史上，除却生产实用性工程，那些最具有代表性的景观，都是权力的，埃及的金字塔如此，欧洲的大教堂如此，中国的紫禁城亦如此。当时的设计都服务于神的权力、王的权力，主要的设计师并不关注残疾人怎么办，病弱的人坐在哪里。但在今天，用什么标准衡量景观设计作品？权利。2010 年妹岛和世策展的威尼斯建筑双年展，获奖的居然是巴林的渔民小木屋，这是一个卑微并且地域的事物，赢得了喝彩。今天，特别能打动我们的不是权力，权力下的景观，再金碧辉煌，再高耸入云，再美轮美奂，都不能从内心真正感动我们。只有对弱势的人好，对孩子好，对老人好，对最需要帮助的人好，才是景观最应该反映的东西。

我们今天评论上海好不好，往往看夏天有没有树荫，公园里有没有椅子，南京路走累了有没有可以休息的地方。

当然还有生态！什么是生态？生态就是帮动植物说话，动植物不好，人类一定不好。我们要给它们栖息的地方，聆听并依从它们的意志。比如说选择植物，如果本地鸟雀不喜欢，那就可能需要重新选择植物。利奥波德（Aldo Leopold）说过，人类要尊重生命共同体中的其他伙伴，任何一种行为，只有当它有助于保护生命共同体的和谐、稳定和美丽时，才是正当的。

## 方言景观就是一种文化自觉

**《设计家》：您曾撰文提出"方言景观"的概念，请问您为什么会将关注点落在极具地方色彩的方言上？**

有一次我在上海坐地铁，发觉地铁里不太能听到上海话了，觉得特别遗憾。上海的外来人口太多了，主张在公共场合使用普通话也是可以理解的。但实际上，上海让我很动心的一个地方就是上海方言，吴侬软语很好听，男人女人，市井商人，说一口方言都会让我感动。语言是一个地方魅力的组成部分，也是一个地方的灵魂，它的表达和思维密切相关，体现着这个地方的特性。地球为什么这么美丽，就是因为每个城市都不一样，每一个地方都别具特色。我们要战略性地对待文化的继承和发展，知识分子需要保持文化自觉，知道什么东西是有价值的，什么东西是要维系的。

方言景观就是一种文化自觉，也是一种对家乡的爱。怀着这种爱作设计，跟文化、气候、人的情感结合，不要跟在外国人后面，他画一个圈你画一个圈，他画一个弯你就画一个弯，这跟设计初衷和设计原理是相背离的。我们中国的设计、设计师，说到底，你要解决中国的问题啊，咱们今天在上海，就说回上海人，上海人房子小，民间有许多设计高手，对空间有很强的领悟力，知道在很小的地方充分利用空间，哪个地方装一个衣柜，哪个地方放一张写字台，怎么样拉一个帘子就变成两个房子。这就是智慧，是作为设计师最初的了不起的东西，值得我们好好学习。

我觉得设计师要多思考，找回设计的原点。我们所说的回到原点，就是你坐在这里，被一个风景或是场景打动了，想象这条路上的梧桐叶在秋天变成金黄的样子，想象在这条路上漫步的情形。现在很多学生作设计不是从自己的感受出发，而是从外国大师的作品出发。一个个空中楼阁，脱离了生命的真实体验。

我们每个人内心都有自己的美好景观，不管农村出来的孩子还是城市出来的孩子。我是在北方长大的，有一次去北京办事，很久没有回北方，下了飞机，在机场路看到路边的白杨树，叶子落尽，上面有一些老鸦窝，鼻子一下就酸了。那种情景我看着亲切，能唤起很久以前的记忆。到底是怎样的记忆你也说不清楚，而这样的图景就是让你感动。

**《设计家》：您如何看待方言景观对一个个体和城市的意义？**

我们需要普通话，但是地方话其实又十分重要。我到上海来听不懂他们说话，但我很喜欢上海有王安忆这样的作家，把上海弄堂讲得那么有意思，我很欢迎有上海这么一个城，这个城里保留着上海的记忆，保留着上海人根深蒂固的东西，她与中国的其他城市如此的不同，这多么好。其实没有人愿意去一个没法识别的地方，去一个跟其他地方一模一样的地方。我来这个地方就是因为它是上海，街道、食物、人们的一切举止，甚至空气的味道，都有上海的特色和魅力。

现在的问题是没有差异，设计公司做的都一样，包括上海的，他们没有认真端详一下他们生存的土地。全国各地都一样，就是因为我们漠视了区别。人和人如果都相同就没有意思了，一个地方跟另一个地方太相同也没有意思，我们对于相同的东西拥抱太多，那是一种悲哀的相同。

**《设计家》：要实现这个理想，景观设计师应该如何付诸于设计？**

设计要成为一种改变的力量。中国的景观最应该由中国的景观师做好它，因为我们对中国有感情并且有感觉。比如说黄河，我们每个人都知道黄河对于中国人是一个太复杂的词汇，太多的故事，太多的文化情结，而外国人不知道。不止黄河，这里的每一条河流都是有文化的，都是我们的母亲河，是孩子追逐、年轻人恋爱、老人晨运、祖先埋葬的所在。这不是物理层面的东西，它是情感和物理的交融。中国的景观师不从这里出发，什么都做得跟国外的河流一样，这是不对的。景观不仅是一个简单的建筑材料的堆砌，它综合涵盖了方方面面的事，最后变成一种文化的事物。

我把景观归结为两句话：第一句话，景观是文化的投影；第二句话，景观是我们的愿望之物。中国人现在处在这样一个阶段，我们要把自己内心不伦不类的对现代化的模糊认识在大地上一一实现，实现我们对西方生活的想象。1840年之前我们羡慕神仙，所以要做花园模拟仙境，人在里面就是活神仙；1840年之后我们希望过西方人的日子、美国人的日子，所以做了许多西方风情的东西。景观的身后就是文化，文化决定我们做什么景观不做什么景观。当我们的社会都觉得人步行是有尊严的，就会用很多钱来做人行道；我们觉得尊重别人是一个好事，那么我们就会为比我们弱、比我们苦的人做很多事情。在西方，很多人就是通过自己的设计，试图解决一些社会的问题，比如改善居住环境，在室外空间安放一些体育设施，促进室外交流，把这个空间变成众人之家。街道很重要，是社会的重要组成部分，城市里的孩子都是在街道里长大的，我们把这些与人相关的方面做好，而不只是做宏大叙事，这才是景观要关心的。另一个是生态。除了科学家和生态学家，景观师也能通过空间安排让动植物感到快乐。有一些西方景观师和生态学家共同工作，在高速公路上隔一段就安排一些生物通道，这就是生态设计的考虑。

我反对任何纯美学游戏的东西，我们的景观眼里要有人，要解决问题。比如在日本，我讲两个细节，第一，有些墙壁跟地板不是90°交接，而是一个圆弧，这样打扫卫生是最容易的；第二，家居柜很高，实际上腿不一样长，前腿比后腿长一点儿，重心后移，地震的时候不会往前翻砸到人。这是关怀人啊！我曾经作过一个深圳街头公园的设计，有一次媒体在公园里采访我，一个清洁工阿姨恰好在对面的椅子上躺着睡觉。我们试想一下，她的家肯定离市中心有一些距离，工作之余，街头公园里能有一个地方可以让她躺下来小憩一下，我觉得很好。设计不光是看，是美，它要解决问题，这很重要。

今天的城市里面，处处都是设计物。从大的社会制度到每个用品，都是设计出来的，设计是文明本身。

## 建立我们的环境伦理
**《设计家》：现在不少人都在讨论向中国传统园林学习，您怎么看待这个问题？**

第一，我们应当把传统园林当成文化遗产好好保护；第二，我们应当在大学搞一个小型专业去深刻研究传统园林。现在很多大学开设园林专业，但研究传统园林不是这种做法，你应当按古人的方式去学。园林其实是文人和匠人结合的产物。文人，要学书法、哲学、音律、诗词、文学；匠人则要亲自动手操作，懂营造之术。我们现在的园林专业，学的不是古代的那个园林。

我也很醉心于传统园林，但醉心之余还要冷静地想一下，这些东西是不是都可以简单地放在我们现在的社会里面？不能。我们今天的社会何其复杂，尺度不一样，对象不一样，审美不一样。比如人与石的关系，古人跟我们也很不一样，古代有米芾拜石，宋徽宗给石头封侯，古人不理解我们当中的一些人为什么喜欢爱马仕（Hermès）、LV，我们也不理解他们为什么喜欢奇怪的石头。今天我们要致力于建立起当代的景观设计学，解决科技园区、住宅区、江河堤岸、校园、城市公共空间种种的问题，非常复杂。古代园林里面确实有一些思想可以汲取，但面对我们今天的社会，仅凭这些思想说实话是不够用的。

我们今天的社会缺乏一个真正的生态环境思想，也就是生态的伦理。古代讲天人合一，道法自然。天人合一是什么意思，道法自然是什么意思？不要拿这些含糊其辞的话来掩饰我们真正的不足。中国古代哪里文明兴盛哪里就有生态危机，黄河流域不成样子，淮河流域更不成样子。以前黄河流域适合做都城和文明中心，公元1000年以后转移到江南，江南现在也不成样子，成了世界工厂。所以我们一定要有一种真正的环境伦理思想，全面建设生态国家、生态城市。在当代，像利奥波德这些人有一整套基于当代环境的策略、方法、思路，我们不去重视这些东西，老是觉得我们什么都有，靠一些古代含糊其辞、语意不清的口号，就会使得今天的状态每况愈下。

# GOOD DESIGN BRINGS ALL KINDS OF BENIFITS
## 好设计带来多方面的改善

史蒂芬·卡宏 Steve Calhoun

澳大利亚 TRACT 景观建筑顾问有限公司墨尔本、中国区创会理事

1968 年获得美国爱荷华州立大学景观学学士学位。1971 年获哈佛大学景观学硕士学位。1976 年参与创立澳洲 TRACT 顾问公司。1981 年，史蒂芬与罗德尼赢得澳大利亚历史上首个城市设计竞赛——"新堡濒海设计竞赛"。之后，史蒂芬完成的城市设计项目遍布澳大利亚全境，包括布里斯班政府行政区、西澳首府帕斯行政中心福利斯特，以及澳大利亚首都堪培拉中央国会大厦行政区等。他所担纲设计的其他主要项目有：美国加利福尼亚伍德堡新区规划，澳洲莫德布里黄金海湾城市设计，中国香港沙田、屯门新区规划等，以及墨尔本、悉尼、帕斯、凯恩斯、洛克汉普顿和波特兰澳洲大部分大中城市的城市滨水带。自 20 世纪 80 年代以来，其设计项目多次获得澳洲景观师协会（AILA）大奖。

**《设计家》：你是如何开始对景观设计产生兴趣的？**

当我还是个小孩，在祖父膝下承欢时，就开始用木块来"搭建城市"。画画和建模是我整个学生时代中最爱做的事，所以我毕业后的好几年里，都在做建筑绘图员。记得当我看到弗兰克·劳埃德·赖特（Frank Lloyd Wright）的作品时，我仿佛看到了一个新的世界。于是我开始寻找更广阔的职业图景和更具复合性的工作，随后我一头撞入了景观建筑设计行业，我发现这个行业非常适合我。

20 世纪 60 年代末 70 年代初，我在爱荷华州立大学学习景观设计，后来又去哈佛大学研究生院深造，在这段时间我搜寻到多位早期的现代主义设计大师，并向他们学习，包括丹·凯利（Dan Kiley）、罗伯托·布勒·马克思（Roberto Burle Marx）、加勒特·艾克博（Garrett Eckbo）、佐佐木英夫（Hideo Sasaki）和彼得·沃克（Peter Walker）。

**《设计家》：您的设计思路是怎么样的？**

并非在白板上作设计：保存，重构，再创造！

在 SWA 景观设计公司程式化的紧张工作中，我受彼得·沃克（他是我的导师和一生的至交）的邀请去澳大利亚工作了一年，与景观建筑师罗德尼·伍尔夫（Rodney Wulff）、规划师霍华德·麦克柯克尔（Howard McCorkell）一起创立了 TRACT 景观设计公司。那是在 1976 年。而 36 年后，我仍旧在澳大利亚的墨尔本，仍旧在 TRACT。在公司创立之初，我们的愿景是希望它能够成为领先的当代设计实践者，业务内容兼具景观建筑、城市设计、城镇规划，以及各项目类别之间重叠部分的设计工作。在 TRACT，我工作的重点始终是设计，仍旧做着我喜爱的绘图和建模，而罗德尼·伍尔夫则负责公司的运营和管理。我和他各司其职、相互配合，正是这样的模式推动了我们的成功。

TRACT 的历史和我的职业经历如同镜子一般，反映了澳大利亚景观建筑行业的发展。罗德尼和我创办了澳大利亚首个大学景观课程并进行授课。在我们的首批学生中，许多人都在毕业后进入 TRACT 公司并与我们共事至今。也有一些学生已经成为当今澳洲景观设计界的佼佼者，成为我们有力的竞争者。

在我们所有的工作中，都有相应的哲学与理论基础。从高速公路到大学校园，从私人花园到城市海滩，关键都在于从功能、环境、美学、社会、经济等方面改善项目所在的地块。为了实现这个目的，我们需要了解该地块的经纬，它的风气或特色——这正是我们在开展设计之前要进行地块分析和调查的原因。你不能当作是在一块白板上作设计。保存基地现有的元素并加以重构，能够赋予这个场所文化和生态上延续的线索。而那些已受到破坏，甚至本不存在的元素，也能够通过"重建"和"再建造"得以放大，从而增强该地区的个性和特色。

**《设计家》：怎样发挥城市与景观的关系？**

创造性地发挥城市与景观设计的正面效应！

我有这样一种强烈的感受——不管项目的尺度如何，景观／城市设计都非常重要。景观和城市设计不是装饰，它们对场所营造和空间导向系统都有非常关键的意义。好的城市设计、好的景观设计可以改变一个地块。我们做的许多项目都重塑了周边地区，乃至城市的面貌。景观与城市设计可以扭转一个场所的经济命运，为曾经陷入荒废、颓败的空间注入社会的活力。有好几个项目已经实现了这一点，并对我的设计职业生涯带来了深远的影响，它们包括纽斯卡尔港海滩项目（Newcastle harbour foreshore, 1981）、迪肯大学墨尔本宝活校区（Deakin University, Burwood Campus, 1996）和凯恩斯广场（Cairns Esplanade, 1998）。很有趣，也很重要的一点是，这三个项目都是我们通过设计竞赛赢得的，都超过了竞标文书的边界。

纽斯卡尔港海滩项目是澳大利亚首个城市设计竞赛。得益于在美国加州 SWA 集团工作室获得的国际化经验，我能把握在这里可以塑造出多大的景观环境。作为澳大利亚东海岸的一个区域性工业城市，纽斯卡尔的社会和经济当时都十分低迷。我们的大主张，是将城市与海滨连接起来，而不像之前那样，让城市背向于工业港。如今，我们已沿着海滩设置了许多活动区，将它们置回城市网格之中。这是在竞赛规则之外的，但评审忽略了这一点，因为他们看得出我们这一主张的价值所在。有时候，你得跳出条条框框，用创造性的思维来解决问题。

港口周边地区，连同其广阔的公共场地，已经全然改变。水岸前方空地变成了纽斯卡尔市民活动的场地。项目使这座城市重新焕发活力，其强烈而深远的影响不但体现在经济效应上，也提升了市民的身份认同感与自豪感。在澳大利亚，纽斯卡尔港项目让人们大开眼界，看到了好的设计如何带来改变。

20 世纪 90 年代末期，我感觉自己虽然正走向中年，但设计方法并没有随着年龄的增长而进步，甚至有退回到使用过去之策略的趋向。当我意识到这一点时，我着手开展了一个"再教育"的计划，每年花三个星期来参观世界上不同城市里最好的当代都市与景观作品。这让我再次振奋，随后就在迪肯大学校园的设计中拿出了新颖的设计。

迪肯大学，墨尔本宝活校区（Deakin University, Burwood Campus）原本十分沉闷，布局混乱，我们打算采取并列的形式来重置空间，并以此思路赢得了这个设计项目。我们设计了一系列层次丰富、充满活力的社会交往空间，包括在校园中心位置建造了一个竞技场风格的操场，带雕塑的水景，还用米罗（Miro）和高迪（Gaudi）风格的马赛克拼接了一条色彩斑斓的曲道。小道带着学生们去到他们想去的地方，本身也塑造出强烈的图形特征。

校园本身就是一座微观城市。尽管这是一个非常城市化的设计，如何在设计中进行改善与表达，仍然有赖于基地本身对生态的要求。精心设置的水景不仅仅作为校园中心的雕塑装饰，也为处理与精华基地上收集到的雨水提供了有效的途径。净化后的水用于灌溉花园，多出部分排出到附近的溪流来维持环境的循环。景观建筑师都是生态的保护者，正面的环境效应，也应该被视为设计中的机会，而不是限制条件。迪肯大学项目获得了澳大利亚几乎所有重要的都市设计与景观奖项，这个项目是我职业生涯的亮点。

再来谈谈凯恩斯广场（Cairns Esplanade）。位于昆士兰州北部的凯恩斯广场项目同纽斯卡尔的项目相似：海滨与城市之间失联，水岸与城市背对着背。就像在纽斯卡尔港项目竞赛中获胜的原因一样，我们的设计旨在重建城市与一片广阔的、曾备受忽略的地区之间的联系，重新赋予它活力。在两个设计中，我们都使用了现有的元素，如海岸的设施、既有的健康的植被，社会及环境背景，并对它们加以改造，从而产生了一幅新旧交替的多彩图景。

在凯恩斯的项目中，如何保护和管理好三一湾脆弱的红树林与泥潭的生态系统，同样是个重要的议题。要知道，它们为候鸟提供了重要的栖息地——每年，数以百万计的候鸟离开中国和一些北半球国家，向南飞抵澳大利亚，使得这里成为全世界最大的候鸟栖息地之一，同时也吸引了很多观鸟者前来。因此，我们设计了很多栈桥、观景台和多语导示来向游客介绍当地环境以及保护这片景观的意义。

我还想谈谈墨尔本亚拉河南岸（Southbank）项目。亚拉河（Yarra River）的南岸位于墨尔本的心脏位置，在这里我们也做了一个非常不错的、滨水的重新开发项目。我们在河滨建造了一条步行道，同时沿袭了墨尔本花园城市的特点，在河岸增加了许多景观和花园。南岸将艺术区和亚拉河联系了起来，把这个原本脏乱和衰败的区域变成一个聚集了能量和活力的时尚地块。

诸如此类的大型城市项目都是我们的团队协作完成的。来自不同领域的专业人员的创意和专长使得我们最终能够做好这些工作。设计从来都不是一个人的单独活动。

**《设计家》：您在在中国作设计有什么样的感想？**

如今正值中国发展的黄金时期，仅 2011 年一年，我们就参与了四个大的项目，其中三个在内陆，还有一个在海南岛。如今 TRACT 在中国的项目包括无锡市五里湖总体规划、太湖双湾、海南岛龙沐湾度假村、苏州新区城市规划、成都新区城市规划、成都城市河滨景观设计、北京中国葡萄酒庄园和苏州工业园区。

记得我第一次来到中国还是在大约二十年前，第二次是在十年前。而近期我来中国的次数越来越多，这让我意识到中国在这个时代的发展有多快。与我们合作的相关人士都很有经验，具有相当的先进性，项目也很好。我很兴奋能够参与其中。中国蓬勃发展的景观设计行业，促使我逾越了语言和文化的隔阂，在这里开拓我们的市场。

我们在墨尔本的办公室集中了很多优秀设计师，组成了一支实力雄厚的设计团队来应对这些在中国的项目，同时，我们也很幸运能够招募到一些年轻的、有才华的、有热情的中国年轻人。他们都是在中国拿到学士学位后，来到墨尔本继续攻读景观建筑设计的硕士学位。在这里，我特别要提到我们墨尔本事务所的同事卓承学（George），他是我们在中国区工作的关键人物。最近，George 和他的家人邀请我参加他的婚礼，我非常荣幸，我想这也是我个人和中国之间或多或少的情感联系。

# RESPECT THE FOUNDATION AND USER
## 尊重基地和使用者人群

苏肖

景观设计总监

苏肖更兼具景观设计和城市规划设计的学术背景，具有多年从业经验，曾参与和主持了国内各种尺度的景观项目、城市设计及旅游规划项目。在中国具有很多地区的项目经验，对不同地理气候带下的自然及人文有一定的了解，并在规划设计中充分地考虑。在规划及城市设计项目中可以以景观专业视角对项目进行思考和把握，并为景观及游憩系统制订未来的发展框架和原则；同时在景观规划设计项目中能够从全局和整体入手，从宏观高度给景观规划设计以准确的定位和适切的实施途径。具备现场解决问题的能力，并与业主和甲方建立良好的合作关系。同时她对土地和自然充满热情，成为其创意的来源。

其工作范围涉及城市景观系统规划、旅游规划、景观规划、滨水空间景观设计、度假区规划及各种尺度的景观设计。在加入 ZNA 北京公司之前，她在国内和境外知名设计院所和公司里积累了多年的实践经验。

**《设计家》：您是如何开始对景观设计感兴趣的？您为什么会选择这一职业？**

对设计的兴趣先于对景观设计的兴趣，这个比较早，这种喜爱也比较感性，存在很多偶然性。大概在初中，一个语文老师在作文课上提到一些建筑的风格流派的名字，像哥特式这类的名字，第一个反应是对这个名称本身，以及名称背后这种美学的理论体系产生了好奇，很想有机会涉猎。再后来有一个在同济大学学习建筑学的表哥暑期来到我们家里，从他那里听到一些建筑学学生相较于其他理工科学生更为松散和自由的学习状态，这大大地吸引了我，觉得将来的专业非如此不可。考大学时志愿都是和设计相关的专业：建筑学、工业设计、风景园林、纺织品设计……我想我不成为景观设计师也会是别的什么设计师吧。

**《设计家》：请谈谈您作为景观设计师的职业历程，有哪些不同的阶段？**

现在谈职业历程还尚早，到目前为止是一个阶段——实践积累阶段。

**《设计家》：您的景观设计主张是什么？**

这是一个很具有设计师本位的问题。景观设计或者说设计，远非个人化的表达和创作，只有少数项目可以成为一种观念的艺术，所以重要的不是设计师本人，也不是设计师本人的主张，而是使用者和场地，而这两样是因时空而异的，不会有一定之规。作品建成后，设计师更加退隐了，读者（使用者）将加入自己的理解或颠覆性的改造，设计师的主张真的不是很重要。我觉得设计师应该忘掉自己的情结和话语冲动，放下身段尊重每一个独特的基地和使用者人群，也许这算是我的景观设计主张。

**《设计家》：您的代表作品有哪些？分别实现了您怎样的设计理念？**

没有代表作，一方面觉得还没到谈代表作的时候，另一方面确实没有特别满意的作品。

**《设计家》：在景观设计专业领域，您近期关注的问题有哪些？**

很多，一言难尽。

**《设计家》：景观设计如何回应当地自然、人文特点？**

景观就是一种自然，植物需能存活生长，当地气候、降雨量、蒸发量、冬季有多长等等这些都会影响人对户外空间的使用，会影响到具体的细部，所以回应当地自然是设计底限，也是必须做的事。至于人文，广义的人文像节日、习俗、对户外空间的使用习惯肯定会在功能上给予回应。如果是狭义的，应该是指当地文化？那我认为就会因地而异，因项目而异，你觉得现在中国各地的人文差异大吗？有独特人文的城市还多吗？我不认为任何项目都要对当地文化给予回应，尤其是对当地历史文化给予回应，回应得不好还不如不回应。

**《设计家》：如何在景观设计中考虑生态问题？**

生态的最低要求是少消费、别浪费和按照自然规律办事。依照这个原则，欧洲的许多国家的景观做得很放松，是用生态的态度在做景观。再有，生态准则并不是景观唯一的评判标准，除生态外还有美学的、功能的及文化的等等其他的标准，如果仅从生态角度，可能大部分的景观设计只要设计树林就好了。作为准则之一，国内的景观设计要想符合生态标准，是需要去掉很多矫饰的形式成分，这在中国很难，我本人也在行业实践中不同程度地迎合这种需求。这是值得自我反思的。

**《设计家》：如何看待景观设计中传统与现代的问题？**

每个人在文化归属上都有自己的来处，有自己的去向，国家和地区文化也是，景观也是。不管喜欢与否，我们既抛不开我们的文化血统，也摆脱不掉外界对我们的影响，这在网络横行的当下尤其是躲避不开的，所以每个言说者（艺术创作者、设计师）都有来自历时性（来自历史的）和共时性（来自其他地区的）影响的印记，文化上如此，技术上也如此——很多建造方式也在改变，做不出纯粹的传统，也根本没有一个纯粹的现代存在。传统和现代是一不是二，不是对立的，是一个连贯的脉络。

**《设计家》：您如何考虑景观设计项目实现后的长期维护问题？**

会非常重视这个因素，因为它决定了景观的效果。在设计初期会了解甲方后期养护的投入预算、人员专业度及数量，如果甲方这方面力量不足，会在设计中充分照顾到这一点，会做一些不那么依赖养护的设计。

**《设计家》：您如何看待景观设计领域发展的现状？您认为景观设计这个领域近年来发生了哪些重要的改变？未来的发展有怎样的趋势？**

这个问题很大，太大了，一句两句说不清楚。包含了国内国际，现状，要对比过去，要预测未来，实在难以全面作答。

只说国内的景观设计现状的话，我个人失望的成分居多，无力的时候居多。觉得现在看似繁华的中国的景观设计是更多样化还是更单一很难说，设计师作为整体缺乏审美和设计哲学的独立性，对景观和自然没有比中国古代造园者更有自己独到的理解。同时景观作为产业在国内的发展还是不健全的，设计当落到实施层面的时候，会因为材料、做法、施工技术等被摧毁得很厉害，往往基于这一点的威慑力，设计在概念初期就会向技术和施工质量进行妥协。

# SUSTAINABLE ECOLOGICAL LANDSCAPE DESIGN
## 可持续性的生态景观设计

唐子颖

美国马萨诸塞大学景观设计学硕士，北京大学城市与环境学院旅游规划硕士。2009年与合伙人张东共同创建上海张唐景观设计事务所（Z+T Studio,Landscape Architects）。

曾就职于北京土人景观，EDAW北京事务所，2005年任职美国SSA（Stephen Stimson Associates,Landscape Architects）景观设计师，2007年于MSI（Martha Schwarz Inc.）景观设计事务所任高级设计师。

**《设计家》：您是如何开始对景观设计感兴趣的？您为什么会选择这一职业？**

2009年初，我与合伙人张东在上海成立了张唐景观设计事务所（Z+T Studio, Landscape Architects）。此前，我们同时在美国麻省大学获得景观硕士学位，并在美国的两个景观事务所（Stephen Stimson Associates, Landscape Architects; Martha Schwartz Inc. Boston office.）实践了3年。回到中国探索现代中国景观设计，是我们从业以来一直的梦想；做一个小型的手工作坊模式的studio，是帮助我们实践理想的平台。

**《设计家》：您的设计主张是什么？**

Z+T Studio主张极简主义的现代景观设计。我们认为现代景观就是基于现当代人们的生活方式建立起来的空间构架。中国古典园林在其社会背景、人文环境甚至工艺缺失的情况下，很难片面地生存。而片面追求表象是没有意义的。国际上的现代主义都是依赖设计师自身体现各自的民族性。中国的设计师，其本身的中国色彩，自然会反射在其设计中。而极简主义和我们所提倡的朴素的世界观以及生态观念密切相关。

**《设计家》：如何在景观设计中考虑生态问题？**

我们认为，生态景观设计不仅仅是低碳材料、当地物种的使用，还包括设计上的可持续性。烦琐的堆砌、粗制滥造、只注重表面形式的设计是最大的浪费。真正的生态景观，需要完整的行业规范。从学校教育的规范课程、评估系统，到政府的相关法规制度，才可以保证生态环境问题的解决落到实处。在美国，生态与可持续发展的核心内容始终是贯彻在景观教学中的；只有从得到景观评估的院系毕业，将来才有资格参加注册景观师考试；各个州政府对开发建设后场地的环境改变有数据上的控制。生态设计是实实在在的能够解决具体问题的有理有据的手段，而不只是口号或者惹人眼球的噱头。

**《设计家》：您如何看待景观设计领域发展的现状？您认为景观设计这个领域近年来发生了哪些重要的改变？未来的发展又有怎样的趋势？**

Z+T Studio将会始终保持小规模，因为小型事务所是做site specific的唯一选择。工业化、标准化的生产模式很难回应景观设计的地方性和人文特色。对场景的理解（比如不同的空气湿度、阳光透明度产生的不同环境氛围），空间尺度的判断（比如南方植物和北方植物对空间的影响是不同的），以至于最终对材料和植物的选择，是对地方、人文景观的再创造。美国的小型景观事务所区域性非常强。与商业化的大型景观公司相比，他们往往是行业的领头羊。在一个区域的长期实践，使他们具备丰富的现场经验表达当地人文感受，从而形成更强烈的景观设计语汇来探索现代景观的人文表达。这是对于地方人文艺术发展最有意义的。限于种种现实条件，中国的景观设计师跨度很大，天南地北地作设计，结果就是中国地域景观的逐渐消失，重复、雷同的城市意象反复拷贝在中国大江南北的城市以及乡镇里。

最后，我们相信随着行业的不断进步、稳定，未来的中国会出现更多个性化的景观事务所。他们在设计上更富创新性，生态、文化上更具地方性，而中国景观也会随之在工艺、技术、艺术上更上一层楼。

# ARCHITECTS NIKKO·SHANGHAI XINGTIAN ARCHITECTURAL DESIGN GROUP
## 日兴设计·上海兴田建筑工程设计事务所

王兴田

上海兴田建筑工程设计事务所 总建筑师、总经理、
教授
国家一级注册建筑师

教育背景：
1979—1983 年 天津大学 建筑系 学士
1983—1986 年 天津大学 建筑系 硕士
2004—2007 年 日本北九州市立大学 建筑系 博士
工作经历：
1986—1991 年 天津大学建筑系 讲师
1988—1991 年 日本早稻田大学 研究员
1991—1993 年 日本（株）大林组设计本部 建筑师
1993 年至今 日本（株）四门一级建筑师事务所设计室
设计室长
1995 年至今 上海日兴建筑设计咨询有限公司 总经理
2001 年至今 上海兴田建筑工程设计事务所 总建筑师

**《设计家》：贵公司的景观设计主张是什么？**

王兴田：

　　在我国设计被分为建筑设计、景观设计、室内设计。从专业领域上来说，这样可以做得更精更细，但在整个大建筑的空间艺术上，建筑、景观、室内又是不能分家的。建筑脱离不了景观，建筑对景观的场所感有要求，景观为建筑空间环境融合存在。脱离了自然的地理环境空间，诸如地形地势、气候，建筑就失去了特定的环境场所感。建筑创作，我们是在特定的空间环境中感受艺术的存在，景观设计不能以个体存在，是和建筑、室内一体化，强调建成环境的全部。

武田明：

　　多年的设计工作让我感悟到景观是艺术与建筑相结合的产物。其实人们对空间的使用和美的追求，视线内能涉及的物体，都是容纳在景观这个概念之中的。这就是广义上"泛"景观论的说法，有美可赏、有景可观，人体以外视线可达处。从某种意义上来说，建筑也是景观的一种形式。景观无处不在，渗透在人们生活的各个细节中，从空间的点、线、面到时间的每一刻。这样来说，景观设计更应以人为本。从人的视线、行为动线、心理因素出发，满足人们在空间建造和使用上的要求及对美的追求和感受。

周群：

　　在国外，景观学是涵盖在规划学、建筑学之中的。与自然生态环境优越的发达国家不同，中国人口密集、城市建设飞速，这样的背景下傍生出景观设计作为独立的学科，使得景观设计从建筑设计中分离出来。

　　我国的景观设计从一开始盲从新加坡、马来西亚的设计，逐渐到后来有了自己的比较好的作品，如九间堂等这些具有中国传统特色的设计，在一定程度上传承了中国自己的文化，这是我们需要发扬的。在我国面临城市化进程日渐加快的今天，国外先进的景观设计理论大量涌入，我们要针对我国的国情有批判地借鉴这些先进的学术思想。景观设计如何从本土文化的核心入手，是值得我们设计师思考的。

王兴田：

　　"天人合一"的思想，对天有敬畏之心，对地有爱惜之情。儒家希望在春风浩荡时去感受自然山水，与道家"独与天地、精神往来"的态度殊途同归。只有到自然之中，眼随景移，心随景动，胸襟和心境才会不同。客观存在的自然在人的心中被加以主观地提升即成为一种意境，使人触景生情。中国文化从根本上是尊重自然、顺应环境的文化。人与自然的和谐共生，回归自然，这是景观设计的最高境界。

**《设计家》：您如何看待景观设计领域发展的现状？您认为景观设计这个领域近年来发生了哪些重要的改变？**

周群：

　　在商品经济中，景观设计正逐步走向产业化。产业化对于景观来说有利有弊。利的方面主要有三点：

　　一、它能保障景观设计这个行业的发展。

　　二、平民化。过去的景观，例如皇家园林，是贵族才能享受到的，而现在任何人都可以享受景观。

　　三、有了广泛的群众基础后，势必会产生各种评论，这有利于景观设计产生新的思想。

武田明

日兴设计·上海兴田建筑工程设计事务所市场经营
部经理及景观部经理

教育背景:
1996—2000 年 清华大学美术学院环境艺术设计系
2001—2002 年 日本东京都武藏野职业学院建筑学科
工作经历:
2001 年移居日本,先后就职于日本 ISS 株式会社及
日本 IMA 都市建筑研究所
2005 年至今 任职日兴设计·上海兴田建筑工程设
计事务所市场经营部经理及景观部经理

弊的方面主要有两点:

一、市场化后,艺术的缺失体现出来。

二、过于市场化、商业化,对设计师心态的影响。

王兴田:

近 20 年来,综合性、工科、师范等各类型高校都设立了景观专业,培育出一大批景观毕业生。但许多学校专业积累短,学生所学技艺不深,在市场化的今天容易沦落为"被绑架者",生存困难,导致景观设计思想发生偏离,使得建成的好作品并不多。我们的景观设计师应思考如何经得起市场不良诱惑,如何在专业领域有自己的执著,如何有思想地从事创作,重新审视我们走过的景观之路!

**《设计家》: 在景观设计专业领域,您近期关注的问题有哪些?**

武田明:

最近的几个商业景观项目让我颇有感悟,这里主要谈一点:主题性空间与地域文化的融合。景观设计重点应与当地地域文化结合,从建筑语言中寻找景观设计的创作灵感,商业景观空间设计注重商业景观的时尚特征,同时与建筑元素紧密呼应,从而达到建筑、景观、室内的一体化设计、母题化设计、体验式设计。景观设计是地产开发城市建设的一个重要组成部分,我们设计师在设计中使用的任何一个设计元素都必须从地产开发、政府城镇化建设的角度去思考问题,做好衬托工作,为城市发展及地产营销打造优质的景观环境,设计的各种元素都必须与城市、建筑、营销、地域文化呼应与融合,切忌为了做景观而去做景观,要让空间使用者、商品消费者在一套完整的逻辑体系、视觉体系、行为体系、人文体系中完成体验式消费过程。

周群

日兴设计·上海兴田建筑工程设计事务所景观部经理

教育背景:
1988—1992 年 同济大学 建筑与城市规划学院 建筑学
工作经历:
2009 年至今 任职于日兴设计·上海兴田建筑工程设
计事务所景观部经理

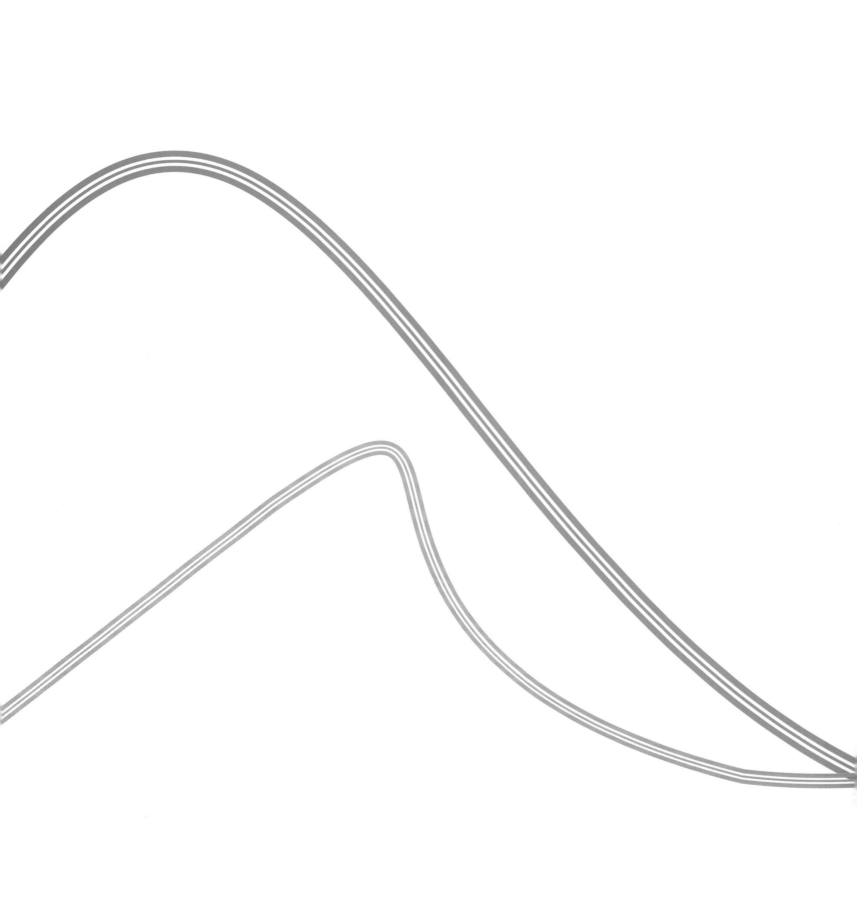

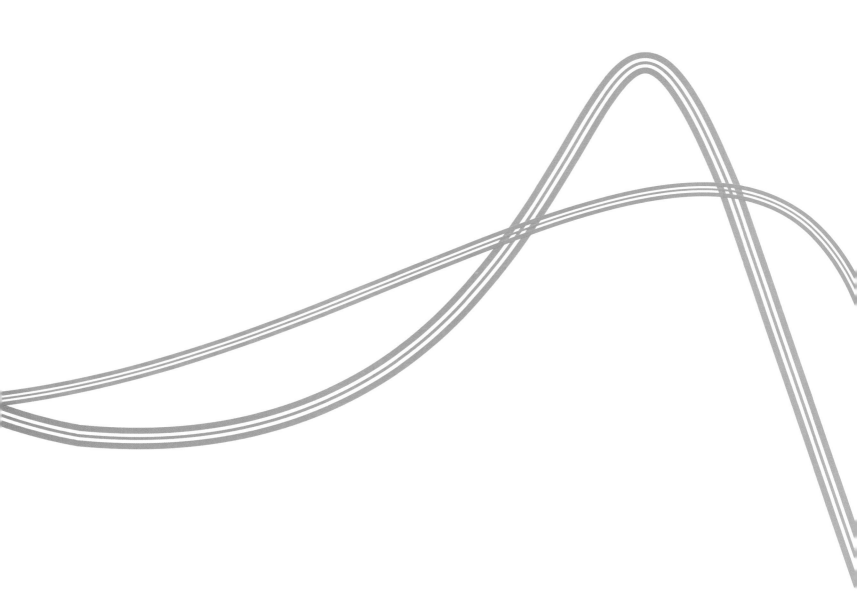

CITY DESIGN AND WATERFRONT LANDSCAPE

城市设计及滨水景观

# SHANGHAI SOUTH BUND EXTENSION OF URBAN AND LANDSCAPE DESIGN

## 上海南外滩延伸段城市与景观设计

项目地点：上海
设计时间：2011—2012年
建设时间：在建
项目面积：200 000平方米
设计单位：高柏伙伴规划园林建筑顾问公司（荷兰）

南外滩区域黄浦江岸水滨区域的再度发展是上海市中心城区的重要课题，该延伸段位于南浦大桥北侧的董家渡地区，在世博会场址以北。这里正在城市更新过程中，水滨地区公共空间的发展将弥补外滩地带仍较缺失的个性化功能和需求，吸引更多游客逗留，并为未来的董家渡南外滩金融聚集区创造便利的公共空间和商业设施空间。

高柏伙伴在2011年参加了南外滩延伸段两个滨水区域广场的公共空间设计，为上海市政府寻求有可行性和持久性的设计实施和配套功能方案。在对周边城市规划设计进行研究的基础上，此方案体现了"回到江边"的设计构思。通过总长700~800米的绿化平台，越过中山南二路和外马路两条公共道路，为市民和外来游人提供从城市腹地到江边的视觉延续和步行联系。这

一设计避免了目前防汛墙和城市道路对黄浦江畔的阻挡，同时使未来的城市肌理与上海历史城区之间相融合和延续。

这是一个公共空间多维利用土地营造高密度景观进行城市开发的例子。绿色平台的设计创造了宝贵的商业和休闲功能空间，为方案的经济可行性打下良好基础。通过多维的城市公园和绿色屋顶，人们步行到达江岸，视野穿越江岸边缘，其景观与水岸边未来的金融聚集城区建筑形成强烈的呼应。水岸区的平台空间被比喻为上海的江滨阳台，涵盖了与江滨绿地广场相呼应的公共休闲设施。结合董家渡轮渡站的保留和更新，这里也将成为轮渡旅客的中转区域，未来人们也可乘坐观光游船进行游览。

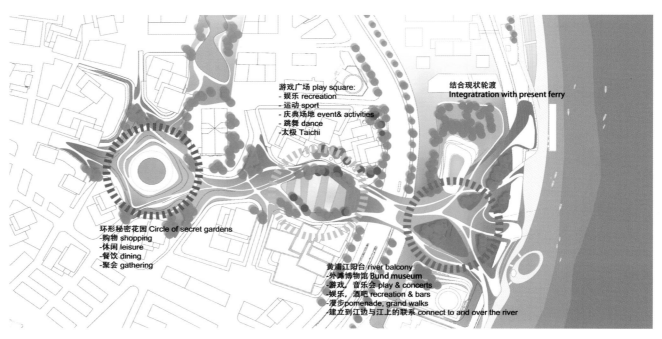

道路结构重建

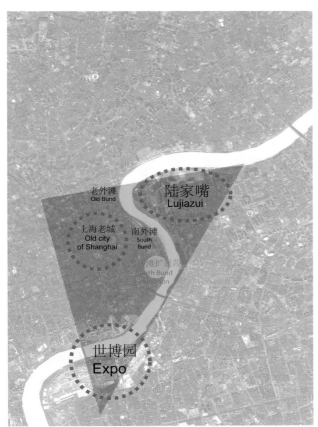

区位

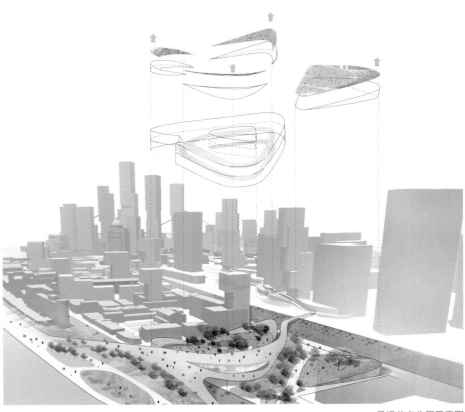

景观节点分层示意图

功能甲板层I

功能地面层I

道路结构重建

新道路结构

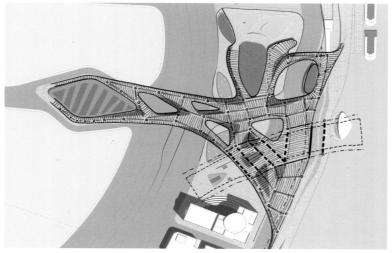

结构顶视图

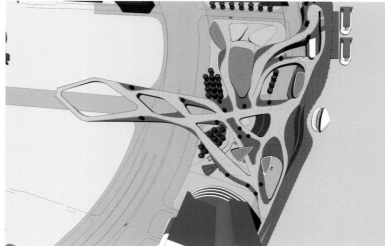

甲板层顶视图

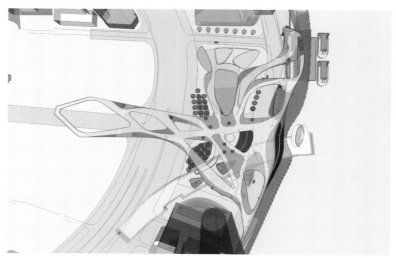

甲板层顶视透视图

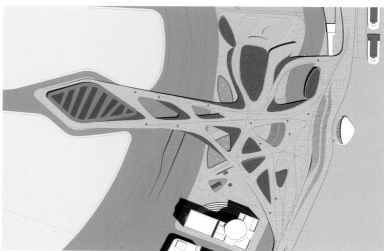

顶视图

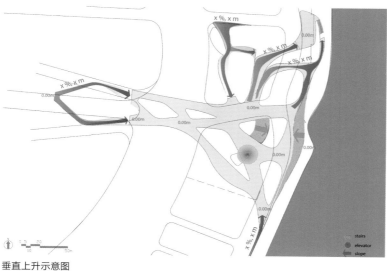

垂直上升示意图

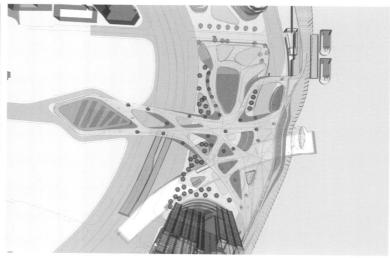

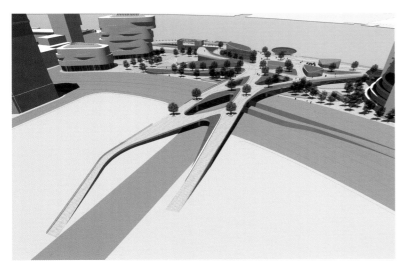

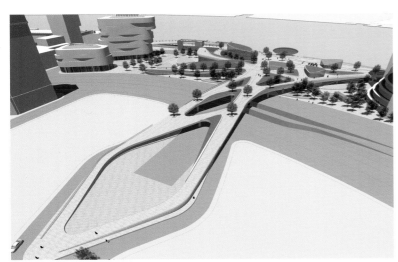
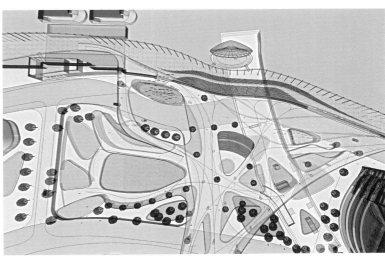
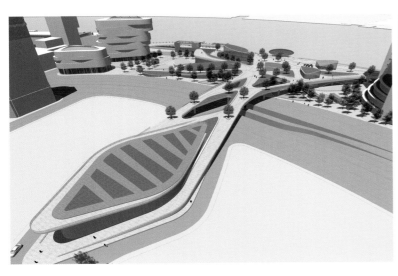
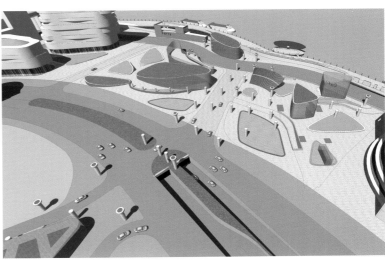

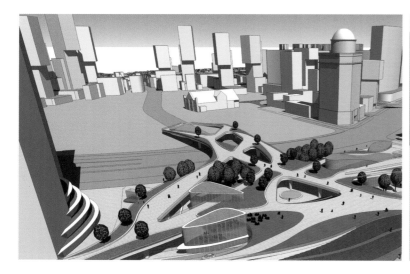 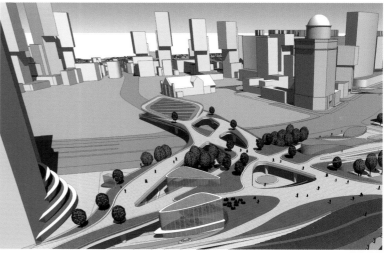

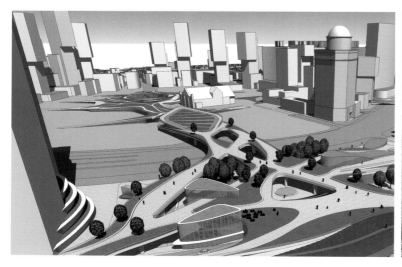 

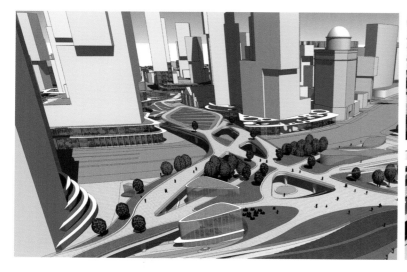 

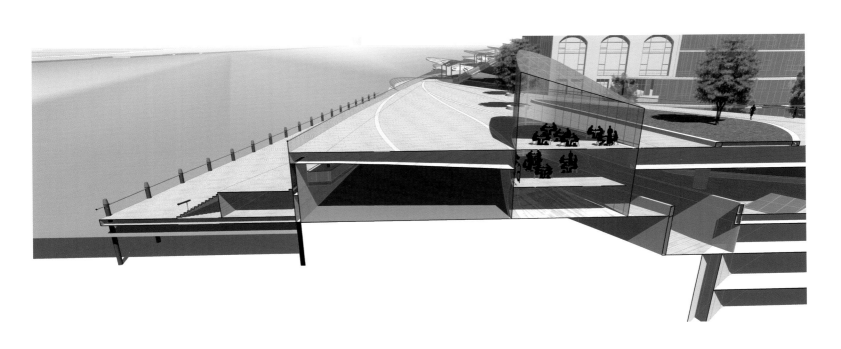

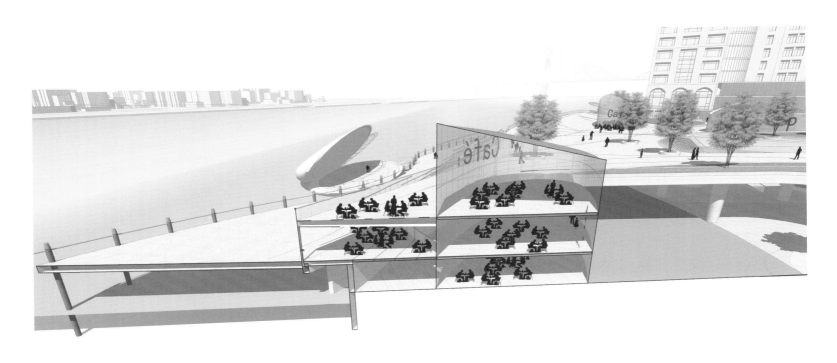

# CONCEPT DESIGN OF NANJING RIVERSIDE SCENIC BELT

# 南京市滨江风光带总体设计

项目地点：江苏南京
设计时间：2012年
建设时间：在建
基地范围：水岸线30公里长，面积为11 000 000 平方米
设计单位：阿特金斯

### 基地位置

项目基地位于南京市长江南岸主城段，南抵长江三桥，北至长江二桥，西临长江，东以滨江大道为界，包括滨江大道沿线景区及幕燕风景区，总长约30公里，面积约11000000平方米，距新街口城市商务中心6公里左右，与对岸的浦口新区隔江相望，在相关规划中已定位为南京的生活景观性岸线。其中既有展示滨江自然景观风貌的风景名胜——幕府山、燕子矶，也有承载城市历史记忆的重要节点——下关大马路地区、长江大桥，还有反映现代人文成就的休闲胜地——河西滨江公园，是集中展示南京人文绿都特色，集生态、文化、活力为一体的南京滨江城市的标志性地区。

### 设计手法

在大的理念上，设计把握原有规划中的功能定位，将滨江岸线打造为一个整体化、多样性的风景线。零散的地块中有功能缺失的部分，设计就将缺失的功能和交通进行补全，对不合理的布局进行适当改造与整理，重新将地块进行有机的整合和串联。

### 设计构思及主题

南京云锦是我国优秀传统文化的杰出代表，因其绚丽多姿、美如天上云霞而得名。南京市滨江风光带应是南京特有的滨江绿带，仿佛一条依江而居的柔美织锦。设计以"南京旅程画卷"为主题——多彩的云锦在长江岸线的卷轴上描绘出未来的"南京水岸线"。

### 河西新城南段

新城南段地处整个新城的门户区域，这是未来南京长江岸线的城市新中心，在新城南段的岸线中我们沿用了现代的设计风格，使滨江绿带风格与整体规划地块的风格主题相契合，在滨江绿带内设计了绿色景观性地标、生态过滤湿地、活力公园、居民休闲公园、观江商业广场等功能区，滨江绿地的服务人群主要针对外来游客以及工作生活在新城的市民。

### 河西新城中段

河西新城中段地处新城青奥轴线之上，以SWA设计的青奥公园设计方案为主导方案，绿地风格体现为拥抱奥林匹克精神，打造成充满活力的城市绿地，并针对绿博园现状，增加部分活动功能，为城市公园开创新的活力。

### 河西新城北段

河西新城北段为30公里滨江岸线近期提升整治的重点段，结合周边的人文资源设计将该段打造成具有文化展示功能的旅游休闲观光区，打造南京的文化名片。设计展现滨江风光带景观的多元化功能性，将南京独特的历史文脉传承并发展，为该地块建立完善的交通与游赏体系，依托滨江视野，打造观江界面的文化地标。

### 下关滨江区

下关滨江区侧重于综合服务、文化创意，我们要在此段滨江风光带内创造一个集商业、休闲、旅游为一体的场所，让居民

可以体验和观赏长江流域丰富的人文文化、自然风光和历史遗迹。通过从流畅的慢步道和自行车道贯穿整个河滨区，设计元素的布局得到了优化，并与环境相协调，同时兼具功能性。此风光带将提升整个城市的生活质量，增加城市空间的社交活动功能，通过滨江风光带的开发，将开发沿江地块的发展潜力和庞大的资源价值。

### 幕燕至大桥段

此段位于现金陵造船厂段，以南大规划院的城市总体规划方案为主导方案，保留现有码头和工业地景，使其成为滨水景观的重要组成部分，展现以金陵造船厂为主的长江工业记忆。风光带内交通系统以步行为优先，兼有自行车道功能，构建连续的交通系统，把人们从大桥公园带到位于景观带核心的工业地景公园，体现人性化休闲功能，形成体验式的户外空间。

### 幕燕风光带

幕燕风光带展现了长江风光带大江大河的自然景观风貌，我们将其打造成南京山水新印象，为都市居民体验活力打造优质的活动场所。整体滨江岸线融入幕燕历史文化，采用流线型的慢步道连接节点景观亲水广场，运用现代节能灯光元素装点城市滨水岸线地景。

### 燕子矶新城区

南京长江岸线自然景观资源丰富，城市滨水区成为新城具有吸引力和创造力的城市空间，通过土地功能置换，我们将燕子矶新城滨水区打造成旅游服务业和消费性服务业集聚的地区。结合燕子矶人文风景区，通过老镇改造，形成文化商业街区，串联休闲滨水游艇码头，以及连接二桥公园的生态功能湿地，让这段滨江绿带成为城市最具有魅力的场所。

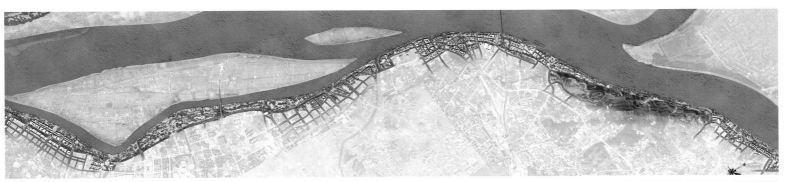

# QINGDAO OCEAN SPRING RESORT
# 青岛海泉湾

项目地点：山东青岛

设计时间：2009年

设计时间：在建

占地面积：约330 000平方米

设计单位：阿特金斯

## 项目概况

港中旅青岛海泉湾度假城项目位于山东青岛即墨鳌山湾。

海泉湾度假城是以海洋温泉为特色，集休闲度假、商务会议、保健养生、演艺表演、高级酒店、综合服务配套等功能为一体化的现代化国际度假中心。红线内包含五星级酒店、主题公园、婚庆公园、生态停车场、商业街及室外温泉中心、沙滩等景观区域。

I区的室内和室外景观，在主题上互相呼应，同时达到了内外衔接的效果。

## 设计构思

景观设计除了与建筑风貌相配合，还依照功能区的不同特征，结合当地环境，合理安排景观元素。

基地依傍着东海渤海湾，其建筑设计具有强烈的南欧风采。本方案以古典海洋特质为基础，借以提升其精神价值。西方文明起源于古希腊，作为古典文化代表，希腊海洋文化在西方乃至世界都占有极其重要的地位。"美产生于度量和比例"为其审美观。

## 景观设计室

外景观主要展现的是古典海洋文化，以和谐为美，高大壮观的景观效果，体现雄伟、人文性以及理想性。突出轴线，强调对称，注重比例，讲究主从关系。

室内景观则以海洋为主题，以大堂为水的源头，发展出酒店内的其他景观部分，包括两个主要电梯大堂的海星岛和海贝岛。以自然的流线和形态作为设计的重点。

# SHANGHAI ORIENTAL FISHERMAN'S WHARF

## 上海东方渔人码头项目

项目地点：上海杨浦
设计时间：2009年
建成时间：2010年
项目面积：65 000平方米
设计单位：TOA诺风景观

项目基地位于上海市杨浦区的南部，内环线以内，处于杨浦区15.5公里黄浦江黄金水岸线上。区域发展设想的成熟、周边地区实质性建设的推进、交通条件的日益改善，为地区发展带来了机遇。作为城市滨水地区，其朝向接近正南，这在黄浦江滨江核心区中段极为稀有，同时此段黄浦江河道走向相对平直，景观视野非常开阔，形成了特有的外部景观资源。

基地在大上海时代便是重要的滨江工业带，其历史文化的读取在开发中是重点。因此，我们用现代化的设计理念切合"渔文化"的主题，作综合考量，同时利用上海原有综合鱼市场和旧厂房等，建成北外滩沿黄浦江区域新兴的集商店、餐饮、休闲、文化娱乐、办公、游览于一体的旅游、服务业基地，成为周边居民聚集、充满丰富绿色的开放广场和滨江大道。

沿江草坡造型的自然绿地和现代尖端设计相互融合，中央涟漪广场以微波水纹为特色主题，设计具有独特性的空间。同时，我们以上海久远历史与未来的结合为设计出发点，将这一区域打造成上海又一新兴的地标。

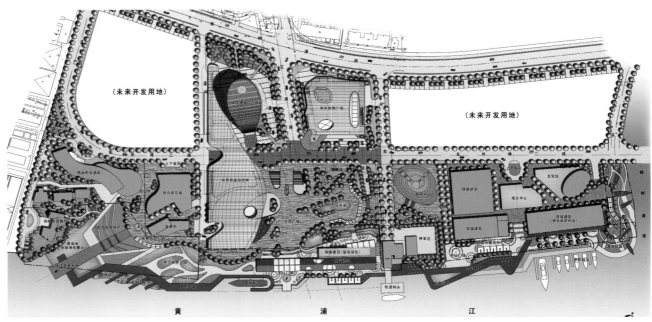

# QINGLIU RIVER LANDSCAPE CONCEPT DESIGN FOR SUCHU MODERN INDUSTRIAL PARK

# 苏滁现代产业园清流河景观概念规划

项目地点：安徽省滁州市

设计时间：2012年

项目面积：2 130 000平方米

设计单位：Tract（澳大利亚）、苏州建筑设计研究院（SIAD）

TRACT：卓承学、STEVE CALHOUN

SIAD：Elizabeta Stacishin-Moura、毛永青

## 项目背景及介绍

滁州市是安徽省的东门户，距南京仅50公里。苏滁现代产业园衔接滁州市区东南角，为城市至南京的发展主方向。清流河从园区中间穿越，成为城市主要的景观轴线。本案距中国四大古亭之首的"醉翁亭"所在——琅琊山风景区，仅7公里。设计力求在展现滁州悠久的历史文化底蕴的同时，以丰富的活动功能、醉人的滨河城区和现代的生态理念，为苏滁现代产业园注入新的活力，打造全球领先的城市滨水生活区，缔造世界一流滨河景观带。

从项目团队过去国际领先的城市滨水项目经验来看，滨水区之所以能成为城市名片，是因为公共功能建筑大都沿水体展开，从而形成活跃而丰富的滨水城区。而此项目面临的问题则在于上位规划中将会展、体育、商业等主要城市公共模块垂直于河流布置，而并非与滨水空间叠合。这为沿河营造富有人气的景观区域带来一定困难。

## 设计思路

在不能大幅更改上位规划的前提下，项目组在深入研究了滁州独特的文化背景、地理位置和基地条件后，将设计定位为"诗意的现代"，并提出"醉舞清流"的整体理念。沿河布局公共建筑及游憩设施，自CBD滨水区沿清流河水景空间，向东西两侧展开城市滨水带，如两段舞开的水袖，成为"水轴"，与贯穿CBD的城市发展脊——"城轴"结合，两大结构一纵一横、一曲一直，融合交织，定义出清晰的城市结构。沿河建立以商业餐饮和服务设施为主导的裙楼带，形成连续的城市滨河立面，创造滨河公共领域，营造市民及游客的亲水天堂。同时沿水打造"长堤醉舞、四水归元、环港夜泊、流霏晨雾、湖映新城、廊桥飞花、鳞台叠翠、旋流嬉水、河塘溪渔"九大景点，合称"清流九色"，与琅琊八绝、滁州十二景并立。

清流河的景观规划策略主要包含以下一些方面：

1）慢行系统规划策略——缝合连接

清流河将原城市空间划分为南、北两大片区。现有规划中的跨河大桥间距过大，并非宜人的步行尺度。方案通过加入形态各异、特色鲜明的步行桥，提供多层次、立体化的临河观景体验，并从慢行连接尺度，缝合南、北两城区，为两岸提供更为充分的可达性。

2）水体规划策略——生态高科技

本案地处排涝圩区，存在洪水威胁。项目组引进WSUD——水敏感城市设计理念，利用雨水灌溉造景。通过对城市地表径流的精确控制，结合雨水花园、生态滞留池的使用，增大滞蓄水面，从根本上减少洪水隐患。改造现有滩地为一系列湿地岛，建立完整的沿河生态结构体系。湿地群落将处理汇入清流河的渠水及地表径流，并提供丰富的动植物栖息地，建立人与自然和谐共存的现代都市环境。

3）绿地规划策略——传承场地记忆

通过重塑现状农用滩涂为湿地岛，滨河开放空间内绿地系统设计尽可能保留了现有基地农田肌理和水网渠系等自然特征，形成场地记忆。设计充分利用现有地形地貌及场地元素，通过设计手法完成了由农业用地向公共开放空间的功能转换。

4）活动策划与场所营造——功能综合四时轮换

为滨水区各处空间策划了丰富的使用功能，混合不同年龄段使用。并为每一空间，根据不同时段，设计不同活动类型及使用方式。比如节假日与日常使用，工作日与周末，冬季与夏季，白天与夜晚等。

5）细部设计语言——相击而成涟漪

运用特色鲜明"城市露台"打造一条大堤。形式上，体现一流滨水驳岸的气韵；色彩上，文化传承与现代感并重；功能上，综合性、多样性与灵活性结合，满足城市复杂多变的需求。

总平面图

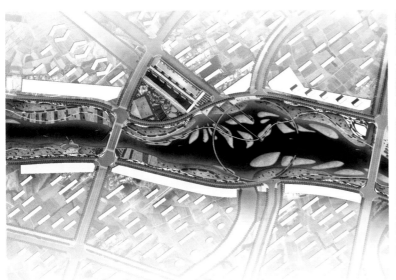

局部平面1-四水归元

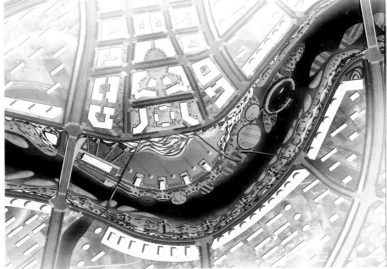

局部平面2-CBD

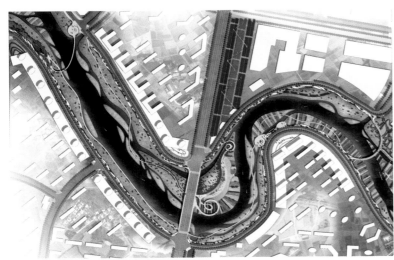

局部平面3-旋流嬉水

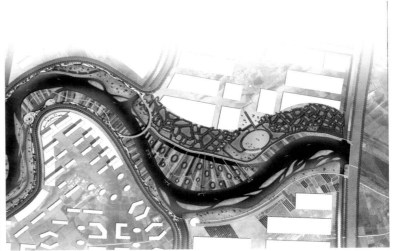

局部平面4-河塘溪渔

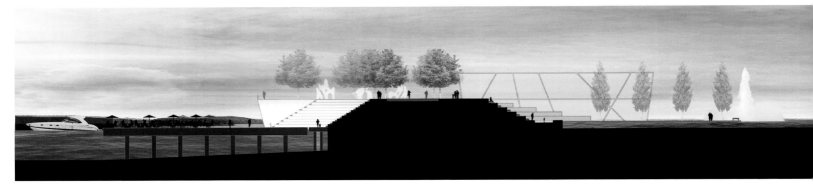

CBD剖面

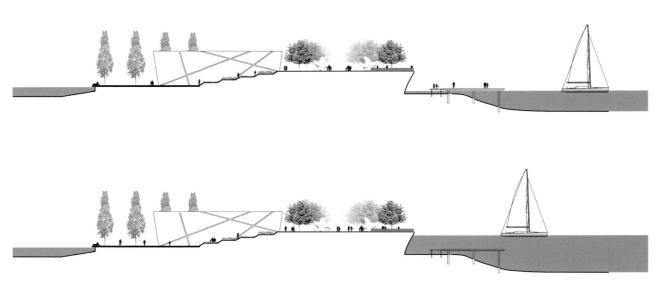

洪常水位断面-CBD

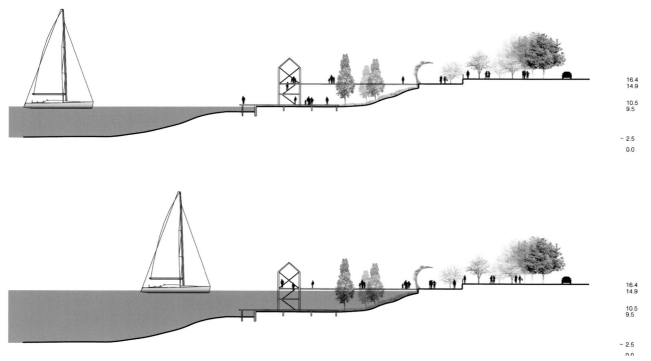

洪常水位断面-南岸

| 清流河 | | <1:3坡度回填土 | 滨水露台 | 现状大堤 | 根据水利规划 | 滨河路 | 回填土 | 地下车库 | | 户外餐饮 | 零售餐饮裙楼带 | 屋顶花园带 | 竖向交通 | 点式高层住宅 |
| THE RIVER | | BACKFILL <1:3 SLOPE | RIVER BALCONY | EXISTING DAM | 加高后大堤 | DRIVEWAY | BACKFILL | UNDERGROUND CARPARK | | OUTDOOR DINNING | RETAIL/RESTAURANT PODIUM | ROOFTOP GARDEN | 沟通大堤 | RESIDENTIAL TOWER |
| | | | | +14.9 m | PROPOSED DAM | | | 地下车库入口 | | | | | 与地面层 | |
| | | | | | +16.4 m | | | CARPARK ENTRY | | | | | LIFT CONNECTING | |
| | | | | | | | | | | | | | GROUND LEVEL & | |
| | | | | | | | | | | | | | LEVEE | |

大堤内侧典型断面-形式1-地下停车

| 清流河 | | <1:3坡度回填土 | 滨水露台 | 现状大堤 | 根据水利规划 | 滨河路 | 回填土 | 台地 | 天桥 | 户外餐饮 | 零售餐饮裙楼带 | 屋顶花园带 | 点式高层住宅 |
| THE RIVER | | BACKFILL <1:3 SLOPE | RIVER BALCONY | EXISTING DAM | 加高后大堤 | DRIVEWAY | BACKFILL | TERRACE | FOOTBRIDGE | OUTDOOR DINNING | RETAIL/RESTAURANT PODIUM | ROOFTOP GARDEN | RESIDENTIAL TOWER |
| | | | | +14.9 | PROPOSED DAM | | | | | | | | |
| | | | | | +16.4 | | | | | | | | |

大堤内侧典型断面-形式2-景观台地+天桥

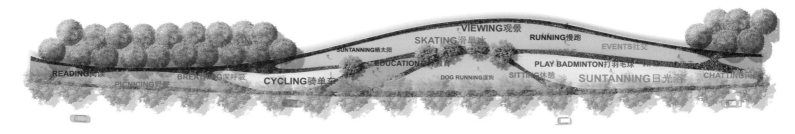

滨河城市露台活动可能性分区

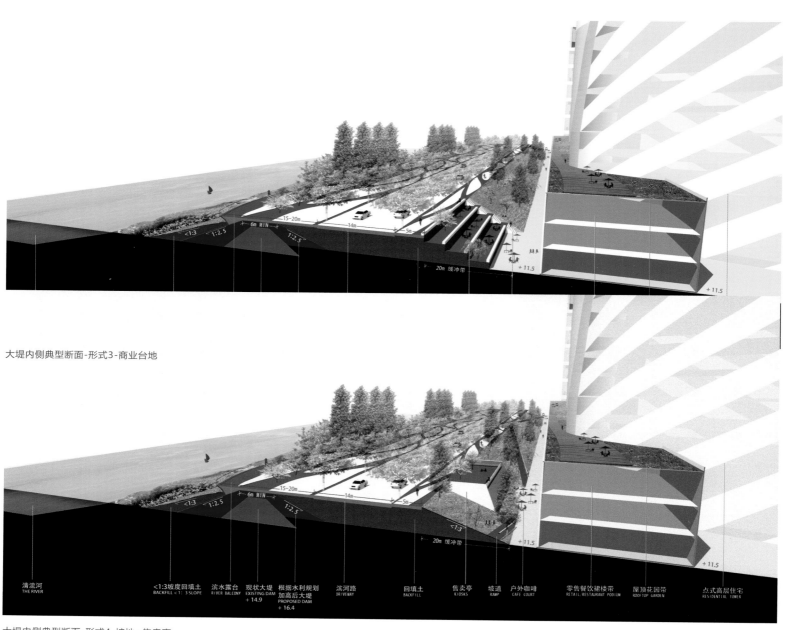

大堤内侧典型断面-形式3-商业台地

大堤内侧典型断面-形式4-坡地+售卖亭

| 清流河<br>THE RIVER | <1:3坡度回填土<br>BACKFILL <1:3 SLOPE | 滨水露台<br>RIVER BALCONY | 现状大堤<br>EXISTING DAM<br>+14.9 | 根据水利规划<br>加高后大堤<br>PROPOSED DAM<br>+16.4 | 滨河路<br>DRIVEWAY | 回填土<br>BACKFILL | 售卖亭<br>KIOSKS | 坡道<br>RAMP | 户外咖啡<br>CAFE COURT | 零售餐饮裙楼带<br>RETAIL.RESTAURANT.PODIUM | 屋顶花园带<br>ROOF TOP GARDEN | 点式高层住宅<br>RESIDENTIAL TOWER |

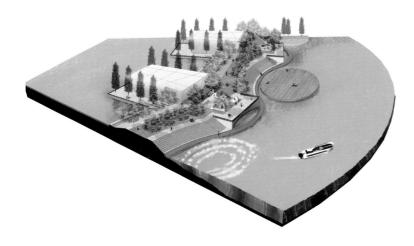

# SHAZIKOU NATIONAL CENTRAL FISHING PORT—FISHERMAN'S WHARF

## 青岛崂山区沙子口国家渔港暨渔人码头

项目地点：山东青岛

设计时间：2012年

建成时间：在建

项目面积：320 000平方米

设计单位：高柏伙伴规划园林建筑顾问公司（荷兰）

沙子口渔港规划为国家级渔港，这会对其周边的环境产生影响。到目前为止，渔港的发展主要关注于港口本身。此次国际设计竞赛可以帮助研究促进渔港以及周边城市功能发展的方法，尤其侧重利用沙子口的自然资源风光与固有品质来发展旅游业。这项设计受沙子口地区独特风光和城市布局的启发，挑战了传统的渔人码头的设计概念。本次设计研究了地区现状和目前的规划，分析并借鉴了其他渔港和旅游相关的滨水区项目，确定了项目场地的土地使用和建筑的功能布局，并在最后对项目的实施提出建议。

项目的目标是要形成一个良好平衡的生活环境，使工业和城市的功能与山水风光相结合。该项目占地面积320000平方米。高柏伙伴的设计将渔港、酒店，以及休闲等多种功能结合在一起。该设计的公共空间被向上抬升，步行道位于渔港建筑的屋顶上。这种设计可以避免渔港的生产活动受到游人打扰，同时，还能将来往的渔船和城市生活联系在一起。荷兰的斯海弗宁恩渔港和其他港口是该设计的灵感来源。

总平面图

地理位置

渔港通往机场线路

渔港规划

交通路线规划

用地规划

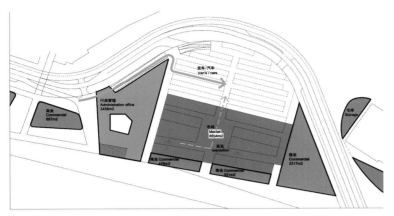

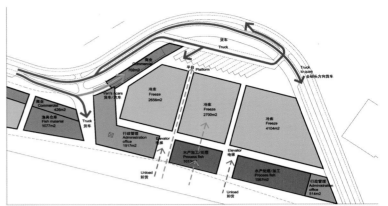

一楼交通图一 　　　　　　　　　　　　　　　　　　　　一楼交通图二

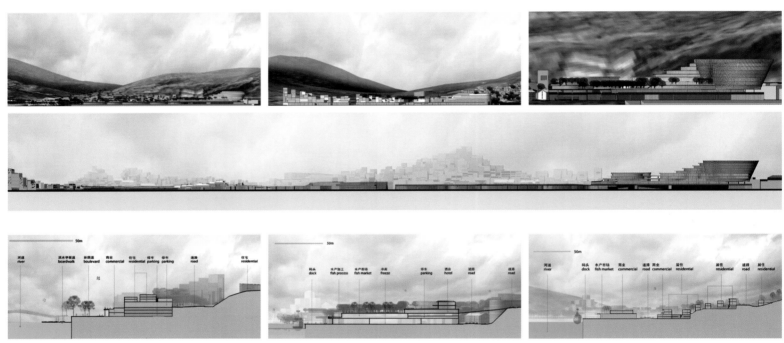

剖面图

南面人行道立面图

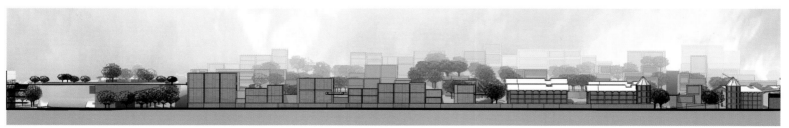

北面人行道立面图

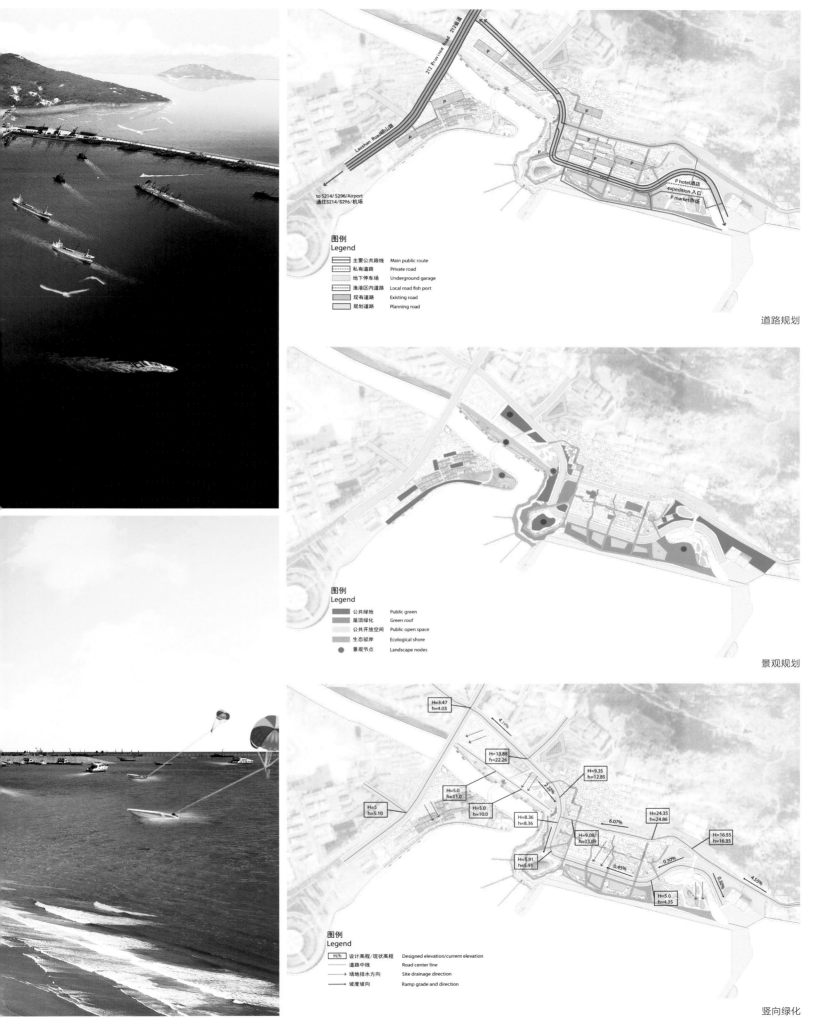

**图例**
Legend

主要公共路线　　Main public route
私有道路　　　　Private road
地下停车场　　　Underground garage
渔港区内道路　　Local road fish port
现有道路　　　　Existing road
规划道路　　　　Planning road

212 Province Road 212省道
Laoshan Road崂山路

to S214/ S296/Airport
通往S214/S296/机场

P hotel酒店
expedition 入口
P market市场

**图例**
Legend

公共绿地　　　　Public green
屋顶绿化　　　　Green roof
公共开放空间　　Public open space
生态驳岸　　　　Ecological shore
景观节点　　　　Landscape nodes

H=3.47 h=4.03
4.19%
H=13.88 h=22.26
H=9.35 h=12.85
H=5.0 h=11.0
H=5 h=5.10
3.22%
H=5.0 h=10.0
H=8.36 h=8.36
6.07%
H=24.35 h=24.86
H=9.08 h=13.69
H=16.55 h=16.35
H=5.91 h=5.91
0.45%
0.30%
0.30%
4.55%
H=5.0 h=4.35

**图例**
Legend

H/h　设计高程/现状高程　Designed elevation/current elevation
　　　道路中线　　　　　Road center line
　　　场地排水方向　　　Site drainage direction
　　　坡度坡向　　　　　Ramp grade and direction

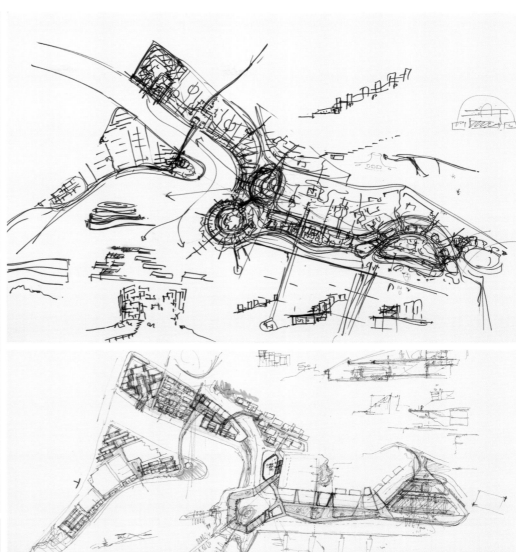

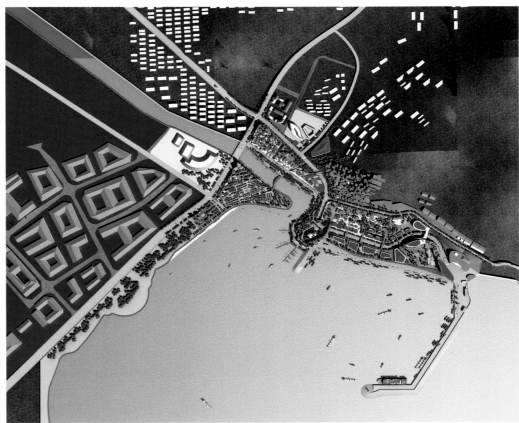

# GUANGDONG CUIHENG NEW DISTRICT CONCEPTUAL URBAN DESIGN

## 广东翠亨新区智慧用海概念城市设计

项目地点：广东中山

设计时间：2011年

项目面积：约20 000 000平方米

设计单位：高柏伙伴规划园林建筑顾问公司（荷兰）

### 智慧用海

上百年来，中山地区的居民与邻近的河流与海洋和谐地共存，这种与自然共存的和谐关系是他们生命中的重要组成部分。然而水渐渐从人们的朋友变成了敌人，人们构筑高堤来消除水带来的威胁，而人与自然间的和谐关系也因此丧失了。如今中山市将重新把自己融入河流与海洋，借助于充分利用多样水环境带来的多种可能性及其提高环境质量的功能，中山市将重新与水化敌为友。

### 设计结合自然

当下越来越多的城市与区域规划开始关注可持续性。而滨海区域的可持续发展则需要使城市规划符合可持续水资源管理的基本条件与要求。水能增添城市的魅力，尤其是在水与绿地和谐紧密结合的情况下。而中山地区尤其适合发展这样的"蓝与绿城市"——一个长期可持续并吸引人的城市。

在水的质量遭到破坏（水污染、盐化）或数量（降雨过量、决堤）剧烈变化的情况下，水也会威胁到人们的安全。因此在本规划中，水被视为保证可持续城市发展的关键指导要素。"建设结合自然"或称"被自然驱策的设计"是本设计的核心理念。在我们的提案中，自然与城市将为彼此增效。"蓝"（水系统）和"绿"（绿地系统）将被有机整合到城市中。

### 岛屿城市

海滨发展将由一系列沿中山海岸布置的城市岛屿组成。在这些城市岛屿中，水无处不在，既环绕岛屿，又若出其中，从而达到一种真实协调的"与水共存"。每座城市岛屿都有各自的特色与氛围，它们提供各种各样令人兴奋的空间与场所。

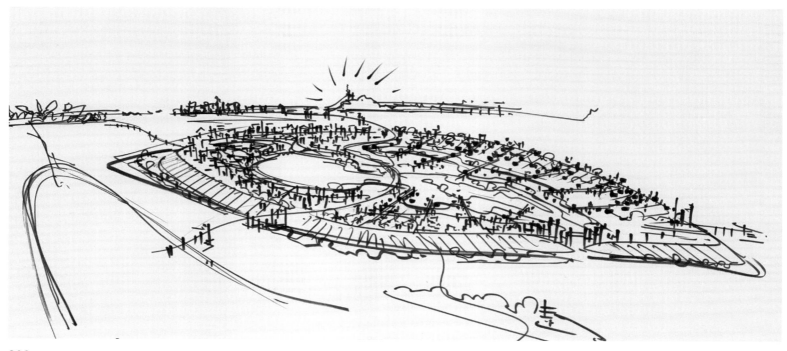

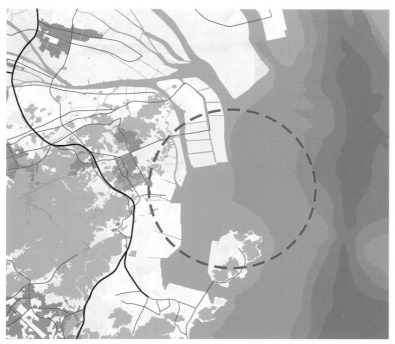

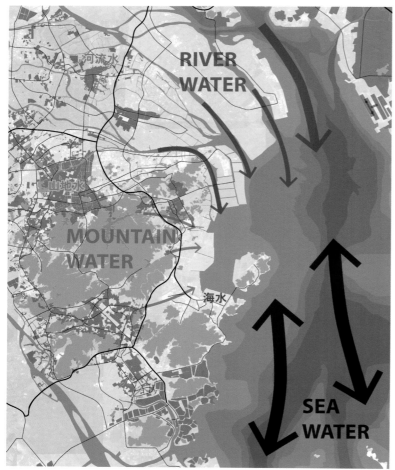

RIVER WATER

河流水

山地水

MOUNTAIN WATER

海水

SEA WATER

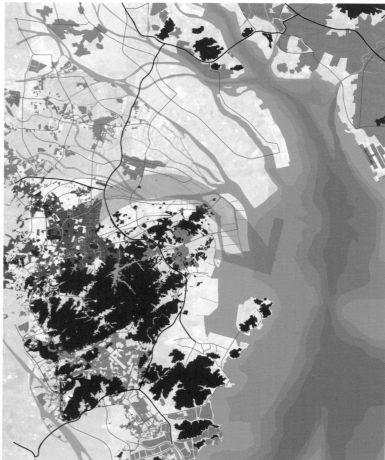

洋流河流分析

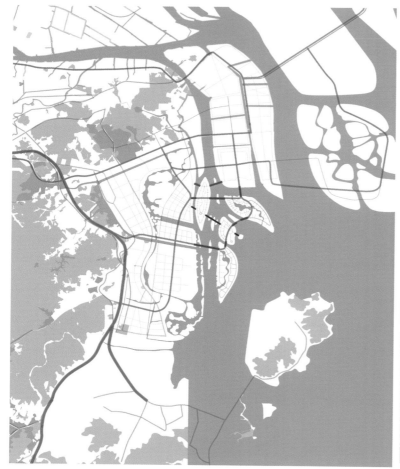

主要桥干

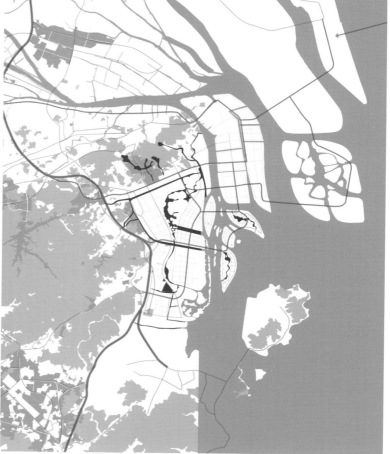

河流湖泊

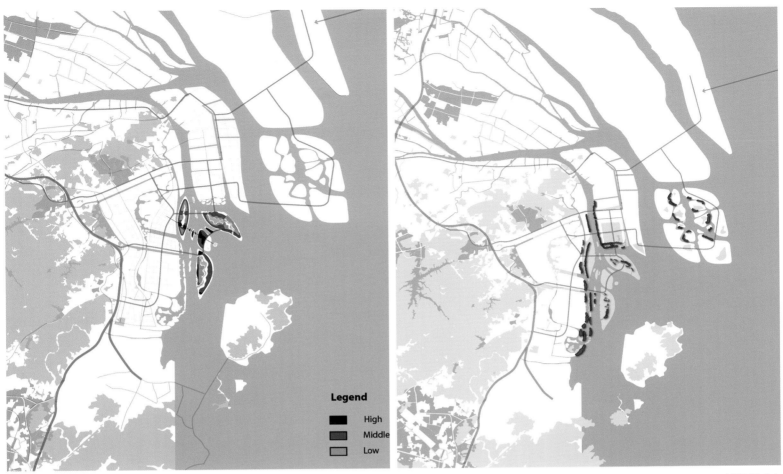

主要地势分布

Legend
■ High
■ Middle
□ Low

主要树林分布

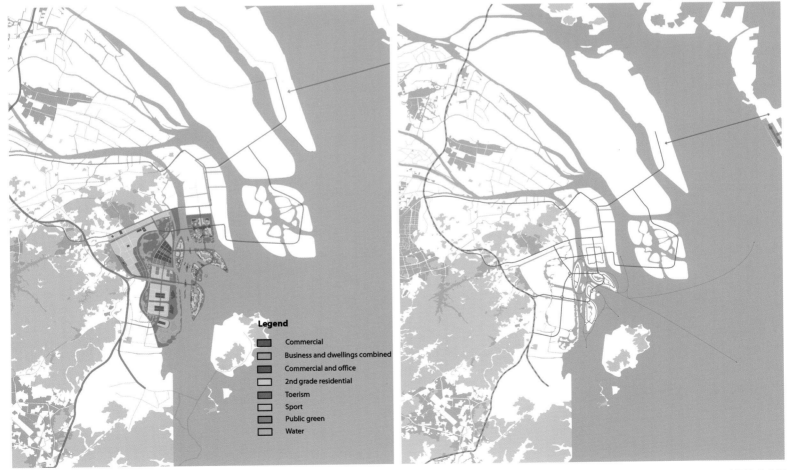

功能分区

Legend
■ Commercial
□ Business and dwellings combined
■ Commercial and office
□ 2nd grade residential
■ Toerism
□ Sport
■ Public green
□ Water

主要公共交通

083

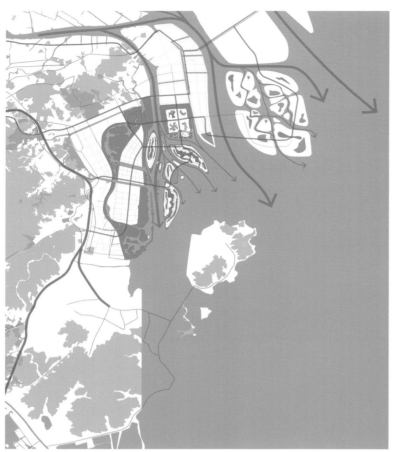

主要自然水源占地

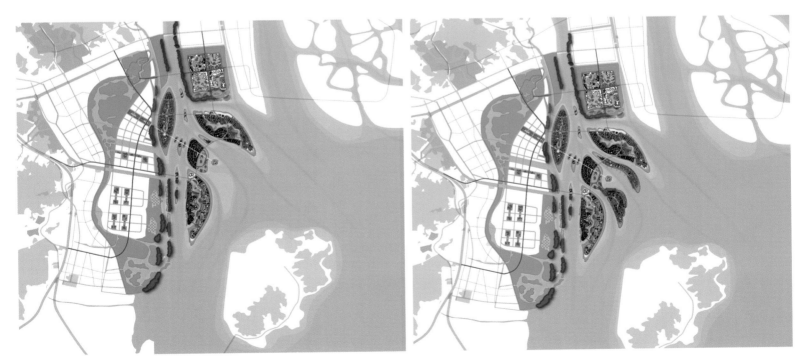

规划用地扩建

# SUZHOU BAY LANDSCAPE AND CBD UNDERGROUND SPACE INTERNATIONAL CONSULTANCY

## 苏州湾与 CBD 核心区地下空间规划设计国际咨询

项目地点：江苏省苏州滨湖新城

设计时间：2012年

建成时间：在建

面积：规划考虑范围700 000平方米左右

设计单位：TRACT（澳大利亚），FKA（澳大利亚），苏州建筑设计研究院（SIAD）

TRACT：STEVE CALHOUN、卓承学

FKA：KARL FENDER

SIAD：毛永青、ELIZABETA STACISHIN -MOURA

### 项目介绍

该设计竞赛要求对苏州滨湖新城CBD地下空间及港湾，从景观和城市设计角度提出解决方案。本项目较为复杂，同时牵涉到沿湖景观和公共空间的塑造，CBD核心区地下空间交通组织、商业布置、公共活动空间的设计，以及周边和地上地下基础设施（地铁站）的联系等问题。

原CBD路网为典型的方格网布局，用地规划较为传统和保守，城市与水体的对话不够。作为国际咨询性质的项目，我们实际操作时拓展了原任务书要求，对上位规划作了调整和优化，把CBD核心区的城市设计一并纳入设计范围。通过强烈的概念和形式，富有前瞻性的理念和技术，冲击原有规划，拓展思路。

设计的重点被放在如何融入苏州地域特色；如何加入先进的城市设计理念，如：环境友好、功能综合、慢行主导等；以及如何尊重太湖地区的自然人文环境。

最终的设计呈现了一座理想的城市商业中心：停车与零售商业空间下埋；地下公共空间向天空打开，形成峡谷般的园林式中轴。地面空间形成全步行公共领域；图书馆、展览馆等城市公共建筑底层架空，建筑体量飘浮其上，商业裙楼和办公商住高层围合于周边。层次丰富的屋顶花园与地面公园和峡谷绿廊一起，描画出独具苏州特色、园林式的CBD。在这里，公共开放空间蜿蜒的城市肌理，与规整的格网形街道融合交织，形成整体。正如在苏州城，规则的城市格局与宅院布局中，隐藏了自然山水与有机形态的园林空间。

### 设计思路

结合CBD地下空间设计，我们将中央南北向道路的车流向东西两侧分流，打开中轴，形成中央全步行城市公共空间。

通过强烈的"地水轴线"，连接两大城市组团：CBD核心区的"园城"和苏州湾滨水的"港城"。"园城"是以"峡谷"空间为核心的地面、地下全步行公共领域。设计根据景观与建筑共生的苏式园林特点，提出建筑与景观相互辉映的"园林式CBD"概念，利用中央绿色峡谷、地面公共领域绿地和屋顶花园等，与裙楼、塔楼、"浮岛"及地下建筑相互交融。

"港城"形成一环四心的"太湖环"结构。人气活动中心、文化艺术中心、商务办公中心和自然生态中心四大城市功能核心区环绕滨水景观带。

环港道路，通过局部微调路网结构，形成环形都市水景带和流畅的环港大道体验；并聚合CBD核心区道路，以太湖为对景收头，形成"向水性"城市空间布局。景观提出"湖、湾、港、淀、池"五个相扣的景观环，结合多重功能结构，形成层次丰富的水主题空间。水与城的交替相扣，使苏州湾港城于规整中出现变化，特色鲜明，亮点迭出。

总体设计中，名为"流云峰"的地标塔楼与城市港口共同打造了CBD中心的地水轴线，牵引视线并为总体设计奠定牢固的发展脊。地面层开敞空间及河流打造的地下山谷奇观，极大地强化了有机形态的主轴线。轴线上方飘浮的容器——公共建筑，萦绕于周边，俯瞰整个峡谷。

区位图

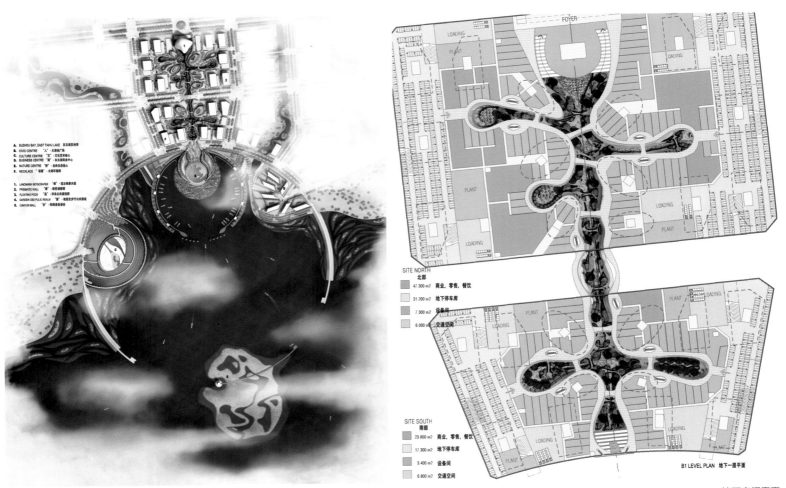

A. SUZHOU BAY, EAST TAIHU LAKE 东太湖苏州湾
B. CIVIC CENTRE "人"·永恒的广场
C. CULTURE CENTRE "文"·文化艺术中心
D. BUSINESS CENTRE "商"·东太湖商务中心
E. NATURE CENTRE "梦"·自然生态园心
F. NECKLACE "项链"·太湖环链景观

1. LANDMARK SKYSCRAPER "峰"·蓝玉峰摩天楼
2. PRISMATIC WALL "城"·棱镜璇壁墙
3. FLOATING PODS "泡"·浮香会馆建筑群
4. GARDEN CBD PULIC REALM "园"·地庭生步行公共庭园
5. CANYON WALL "壁"·洞窟峡壑崖壁

SITE NORTH
北部
■ 47.300 m2　商业, 零售, 餐饮
□ 31.200 m2　地下停车库
■ 7.300 m2　设备间
□ 6.000 m2　交通空间

SITE SOUTH
南部
■ 23.600 m2　商业, 零售, 餐饮
□ 17.300 m2　地下停车库
■ 3.400 m2　设备间
□ 6.800 m2　交通空间

B1 LEVEL PLAN 地下一层平面

总平面图

地下空间平面

097

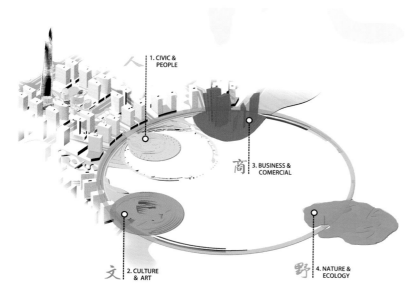

1. CIVIC & PEOPLE

人

3. BUSINESS & COMERCIAL

商

文

2. CULTURE & ART

野

4. NATURE & ECOLOGY

港城一环四星结构

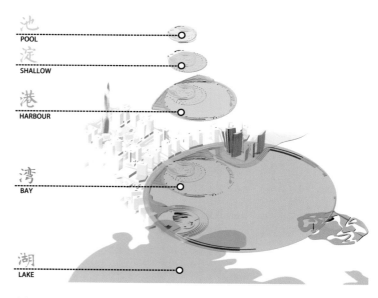

池
POOL

淀
SHALLOW

港
HARBOUR

湾
BAY

湖
LAKE

太湖环-五重景观环

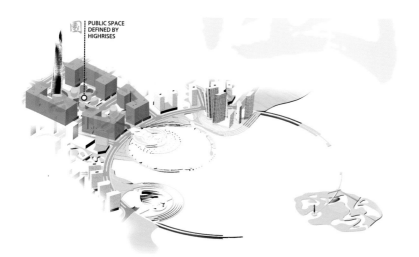

園

PUBLIC SPACE DEFINED BY HIGHRISES

园城园林式CBD

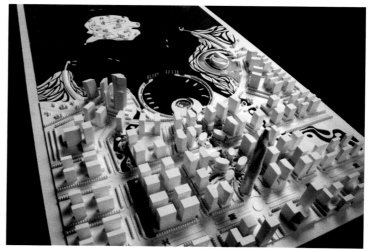

模型

港城剖立面

7-SAIL BOAT OF TAIHU LAKE
太湖渔船 - 七帆船

港城商务中心高层建筑群

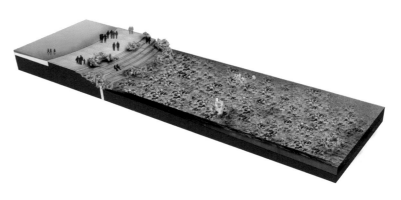

**地水轴**

高耸的塔楼与城市港口共同打造CBD区域中心的地水轴线，
牵引视线并为总体设计垫定了牢固核心。

地面层开敞空间及河流打造的地下山谷奇观，极大的强化了
有机形态的主轴线。

轴线上方漂浮的容器-公共建筑，萦绕于周边，俯瞰整个峡谷。

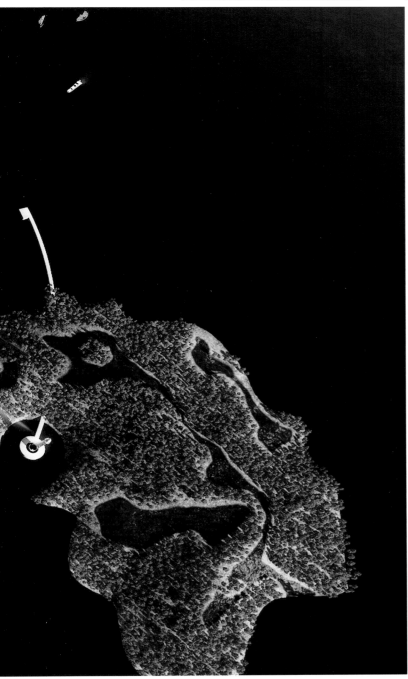

# CONCEPTUAL PLAN AND CORE AREA URBAN DESIGN FOR SHENZHEN XINDA–LONGQI BAY DISTRICT

# 深圳市新大龙岐湾地区概念规划及核心区城市设计

项目地点：广东深圳

设计时间：2007年

项目面积：20 000 000平方米

设计单位：高柏伙伴规划园林建筑顾问公司（荷兰）

大鹏半岛是一个非常美丽且生态的地方，但受到城市持续扩张的威胁。新大龙岐湾就位于这个半岛上，其海湾上的景观、经济、生态和文化价值必须得到保护。高柏伙伴事务所的计划在保护生态的前提下，允许同时发展生态旅游，这样可以促进当地经济。

土地开发建立在用泥浆中的沙子堆积起来的"新土地"上。海岸线将变得简洁并有可识别性。新的平地将非常适合城市与休闲产业发展。

在设计中，从国家公园流淌出来的河水，在规划区南部创造出宜人的居住环境。干净、新鲜的山泉水逐渐汇入咸水海洋。这个过程在新鲜水、微咸水和盐水之间，产生了自然的渐变，并可以通过沿河布置不同的植物品种得到多样的环境。一个巧妙设计的水系统将使整个岛屿王国的品质得以提升。场地中央区域更具有城市化的特征。这些中国的典型建筑，反映了当地的特殊需求和愿望。举例来说，这些典型特征包括建筑物朝南，并在建筑中留出空隙，可以让清新的海风吹过。

专业评审的国际研究小组选择了高柏伙伴事务所的规划作为获奖设计。其科学的证明，以及结合旅游和居住空间发展的清晰方向，给他们留下了深刻的印象。专业评审团也对其土地开垦的革新方法印象深刻。

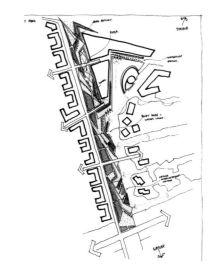

概念草图

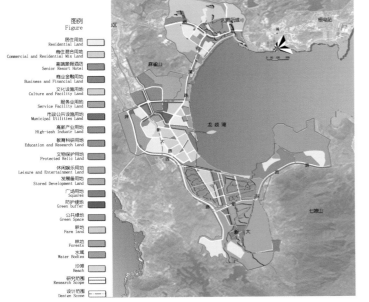

图例
Figure

居住用地
Residential Land

商住混合用地
Commercial and Residential Mix Land

高端度假酒店
Senior Resort Hotel

商业金融用地
Business and Financial Land

文化设施用地
Culture and Facility Land

服务业用地
Service Facility Land

市政公共设施用地
Municipal Utilities Land

高新产业用地
High-tesh Industr Land

教育科研用地
Education and Research Land

文物保护用地
Protected Relic Land

休闲娱乐用地
Leisure and Entertainment Land

发展备用地
Stored Development Land

广场用地
Squares

防护绿地
Green buffer

公共绿地
Green Space

耕地
Farm land

林地
Forests

水域
Water Bodies

沙滩
Beach

研究范围
Research Scope

设计范围
Design Scope

土地利用规划

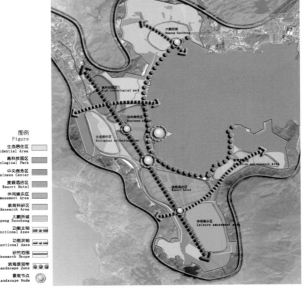

图例
Figure

生态居住区
Ecological Residential Area

高科技园区
High Technological Park

中央商务区
Business Center

度假酒店区
Resort Hotel

休闲娱乐区
Leisure Amusement Area

教育科研区
Education and Research Area

大鹏所城
Suocheng

功能主轴
Main Functional Axes

功能次轴
secondary Functional Axes

研究范围
Research Scope

滨海景观带
Landscape Zone

景观节点
Landscape Node

规划结构分析

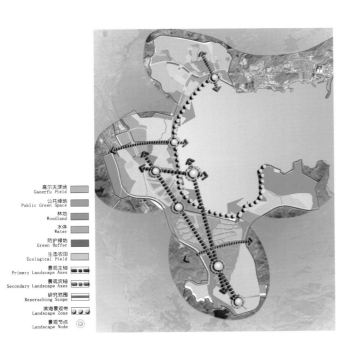

高尔夫球场
Gaoerfu Field

公共绿地
Public Green Space

林地
Woodland

水体
Water

防护绿地
Green Buffer

生态农田
Ecological Field

景观主轴
Primary Landscape Axes

景观次轴
Secondary Landscape Axes

研究范围
Researching Scope

滨海景观带
Landscape Zone

景观节点
Landscape Node

开放空间

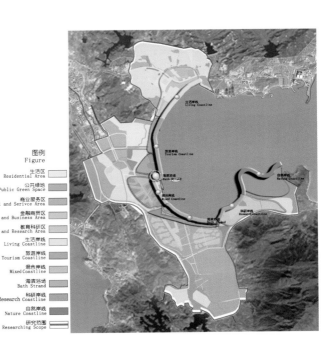

图例
Figure

生活区
Residential Area

公共绿地
Public Green Space

商业服务区
Commercial and Serivce Area

金融商贸区
Financial and Business Area

教育科研区
Rducation and Research Area

生活岸线
Living Coastline

旅游岸线
Tourism Coastline

混合岸线
Mixed Coastline

海滨浴场
Bath Strand

科研岸线
Research Coastline

自然岸线
Nature Coastline

研究范围
Researching Scope

海岸线利用模式图

107

交通

开放强度控制图

自行车步行系统

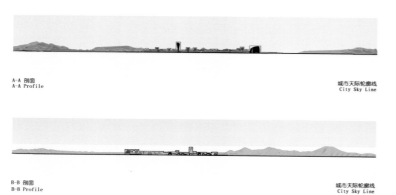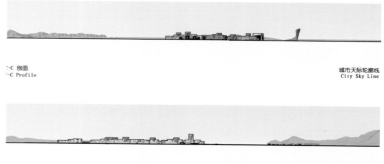

A-A 剖面
A-A Profile

城市天际轮廓线
City Sky Line

B-B 剖面
B-B Profile

城市天际轮廓线
City Sky Line

C-C 剖面
C-C Profile

城市天际轮廓线
City Sky Line

D-D 剖面
D-D Profile

城市天际轮廓线
City Sky Line

天际轮廓图

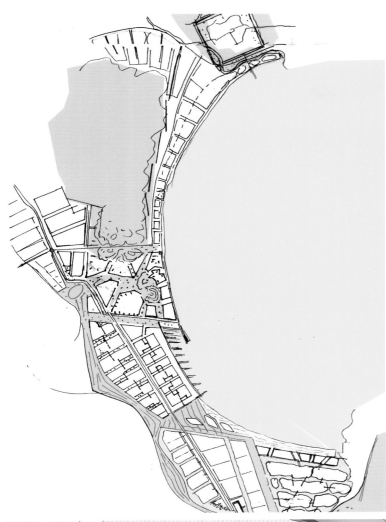

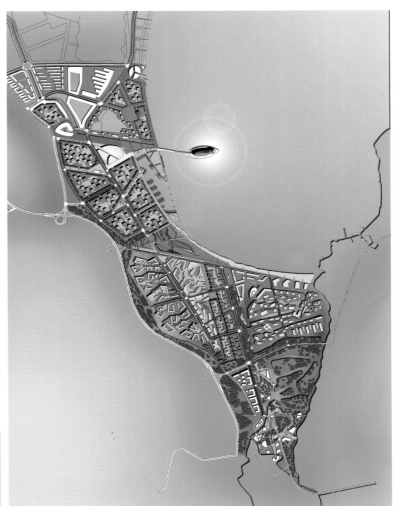

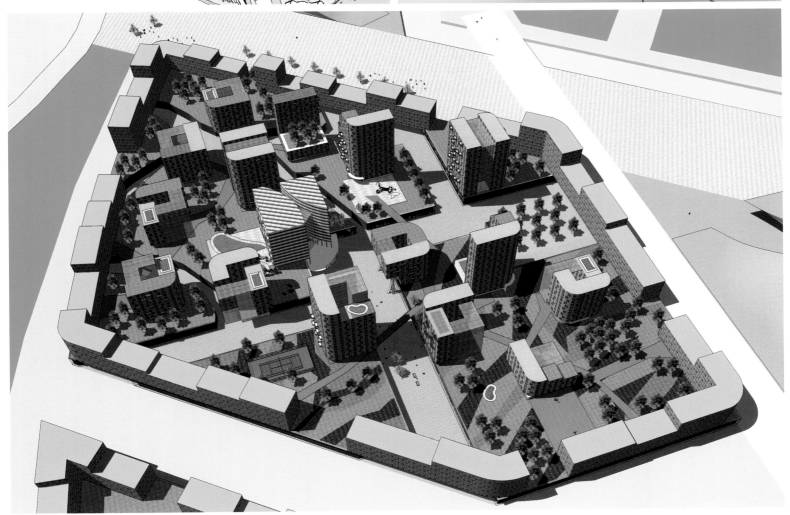

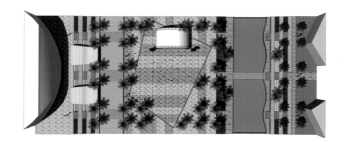

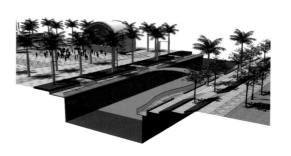

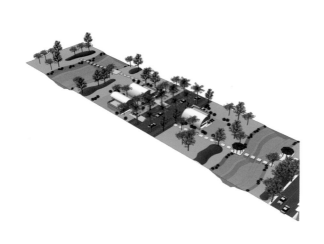
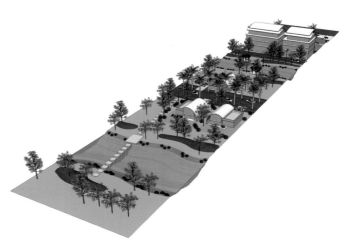

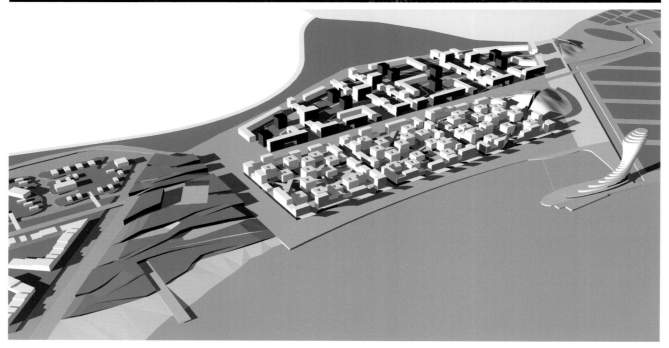

# DESIGN OF SHUN TAN YUAN ECOLOGICAL CULTURAL LANDSCAPE PARK

## 浙江舜滩源文化生态湿地公园

项目地点：浙江上虞
设计时间：2011年
建成时间：在建
占地面积：1 700 000平方米
建筑面积：180 000平方米
设计单位：高柏伙伴规划园林建筑顾问公司（荷兰）

第二座杭州湾跨海大桥嘉绍大桥已在2012年建成通车，而东海之滨杭州湾南岸的上虞市滨海新城正在演变为开发建设的热土。在正在启动的建设项目中，浙江舜滩源文化湿地原为总体规划中城市公共防护绿地的一部分。现状为1996年围海填地而成的闲置鱼塘和虾塘，基地有泄洪水道穿过，承担现状和未来新城疏导地表水的功能。

舜滩源是"生态园"的谐音。绍兴—上虞地区古老的舜禹文化是一种关于因地制宜地发展农业和治水的方式。舜滩源文化湿地以现代和生态的方式的文化，寻找先祖舜和禹的足迹。业主浙江舜滩源创意产业投资管理有限公司希望在改造自然环境的同时，促进绿色生态的低碳生活，为杭州湾和长江三角洲地区塑造一处独特的文化和自然净土。

舜滩源文化湿地的景观系统将以中心湖、湿地和林地、缓坡为主，形成各具特色的湿地和陆地景观及生态循环系统。由于基地较低的地势，设计首先通过填海土垫高地势，原先的鱼虾塘变为一片淤泥地。从2011年5月起，高柏伙伴和当地合作伙伴（上海城乡设计院）以景观和低碳为先，进行了项目调研分析和规划方案设计，就湿地和水系统、输土挖湖、盐碱土改良和基础设施建设等问题，与业主共同推敲，力求适应当地生态条件和经济条件的解决方案。水系统方面，根据当地现有和未来预计的现状水质状况，方案结合湿地对水体进行生态净化。同时结合上虞当地的休闲农业，期望以各类乔木、灌木、花卉、水果、蔬菜形成有生态和经济价值的景观，激励当地的绿色经济，探索生态景观建设的新方向。规划中的居住和商业地块将与湿地园相得益彰。

功能上，我们认为凭借上虞的可达性和知名度，将有机会吸引周末度假游客和本地游客。因此，在借鉴了上海和杭州湾地区的滨海湿地公园后，设计增加了新的长短期休闲内容，如生态宾馆、野外的多样化住宿和丰富的户内外活动，以此来适应现代人群多样化和回归自然的精神文化需求。

项目目前正在报批规划方案，前期的土方施工已开始进行。舜滩源文化湿地的景观和建筑设计即将全面进行，计划于两年后初步完成建设。

Jiashao Sea Bridge 嘉绍跨海大桥

Hangzhou Bay 杭州湾

Project Site 项目场地

舜滩源变化生态湿地公园

**SHUN TAN YUAN ECOLOGICAL CULTURAL LANDSCAPE PARK**

0  300  600  900  1200  1500  1800  2100  metres

CLEAN WATER

Potential Culvert
Canal
Urban Water
Inner Lake
Circulation Canal
Culvert
Water Pump
Water Purifying Stream
Circulation Canal
Regional Water
Regional Water

AREA TYPES: 4 ZONES

Urban Park
Water
Wetlands
Food Production

BUILDING PLOTS

Building Plots
Canal
North-South Arterial Road
East-West Arterial Road
East-West Connecting Route
East-West Connecting Route

RECREATIONAL FUNCTION

Park Zone

## _Accessibility of Public WC

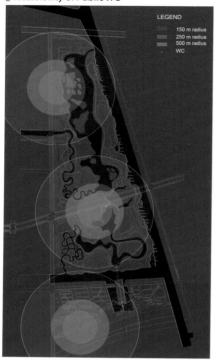

公共厕所无障碍设施

## _Accessibility of Major Commercial Facilities

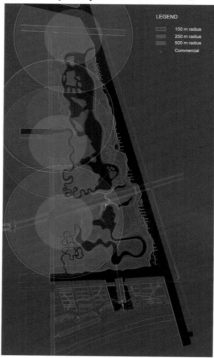

主要商业场所无障碍设备

## _Accessibility of Public Parking Facilities

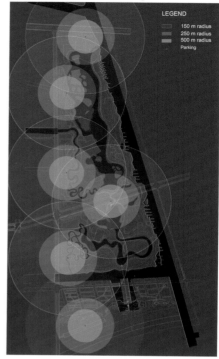

公共停车场无障碍设备

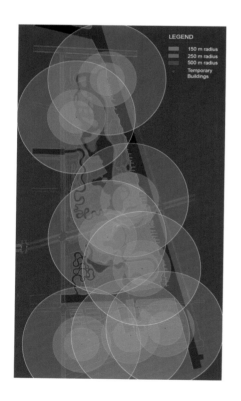

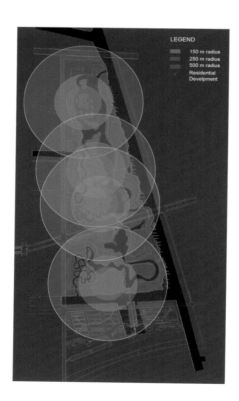

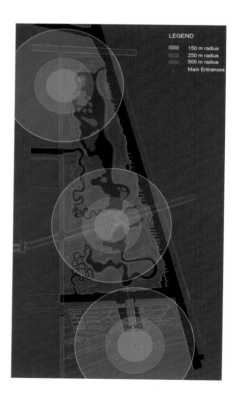

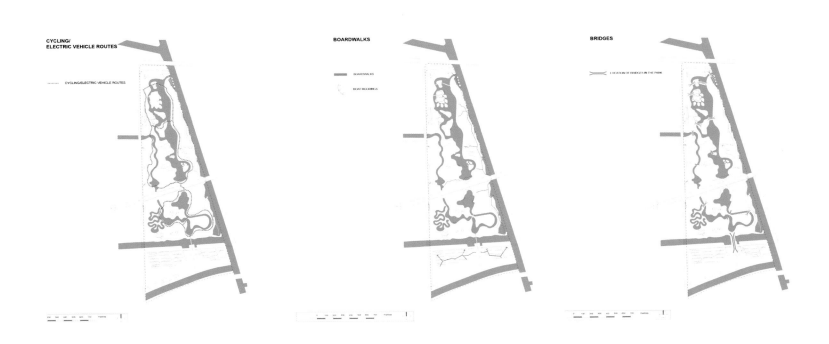

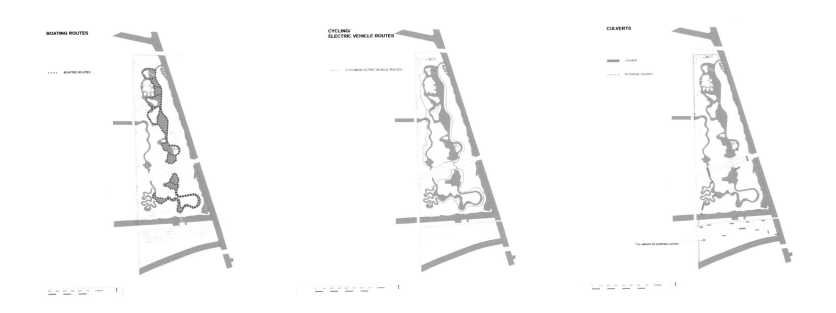

**BOARDWALKS**

BOARDWALKS

PEDESTRIAN/BIKE PATHWAYS
CYCLING/ELECTRIC VEHICLE ROUTES

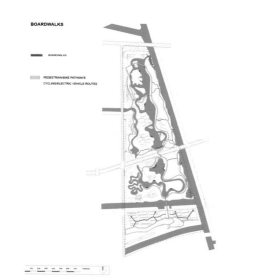

**FOLLIES (C)**

LOCATION OF FOLLIES IN THE PARK

**CIRCULATION SYSTEM**

CIRCULATION SYSTEM
FAST FLOWING WATER

CANALS

A  SECTION A

C  SECTION C

POTENTIAL CULVERT FOR CLOSED WATER SYSTEM

LOCATION OF CULVERT

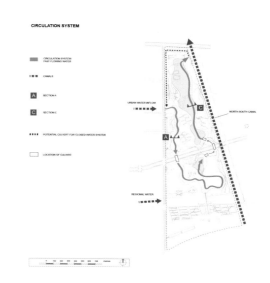

**COMMERCIAL PLOTS (B)**

B1  HIGH - END HOTEL
B2  HIGH - END HOTEL
B3  CULTURAL DWELLINGS HOTEL
B4  LEISURE FITNESS CENTRE
B5  TOURIST SOUVENIRS CENTRE
B6  CATERING
B7  SERVICED APARTMENT HOME COMMUNITY

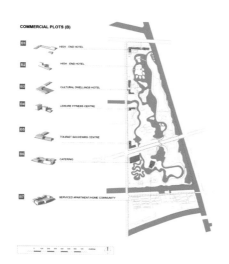

**RESIDENTIAL PLOTS (A)**

A1  WATERSIDE LIVING ISLAND
A2  WATERSIDE COURTYARDS
A3  WOODLAND COURTYARDS 'THE HIDDEN WORLD'
A4  COUNTRY ESTATE

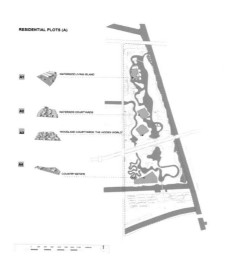

MAJOR ARTERIAL ROAD
PRIMARY ROAD
FEEDER STREET
LOCAL STREETS
ACCESS ROADS

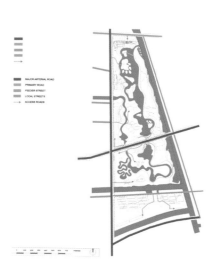

**TEMPORARY BUILDINGS (D)**

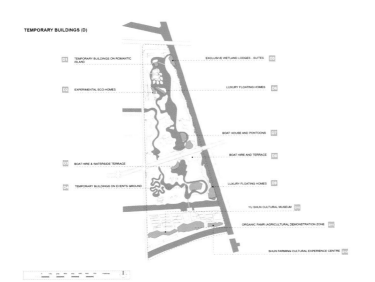

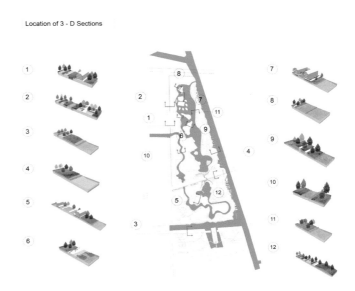

**PARK FOR EVERYBODY**

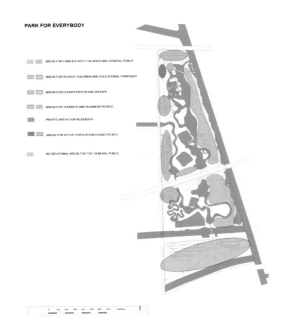

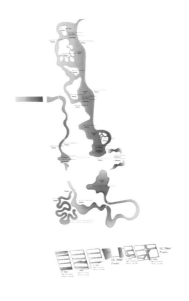

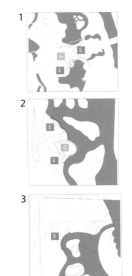

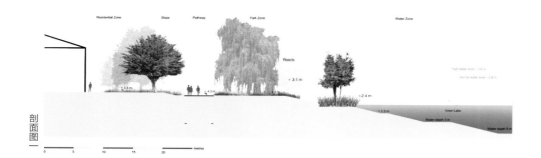

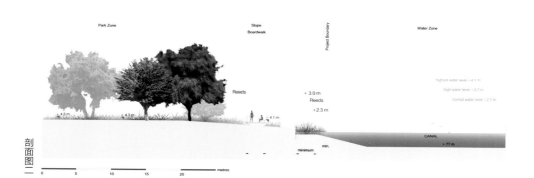

剖面图四

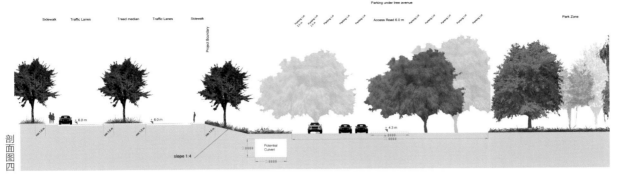

剖面图五

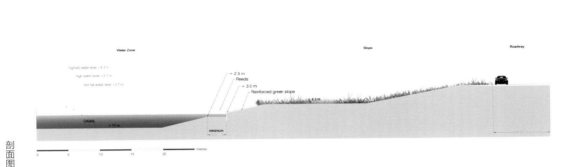

剖面图六

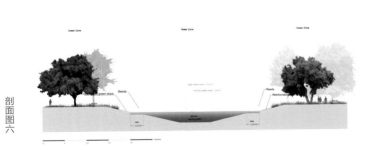

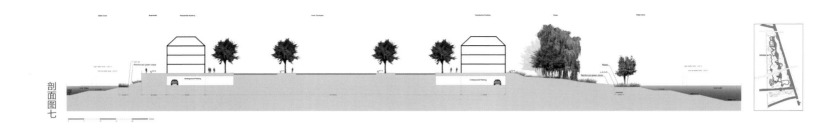

剖面图七

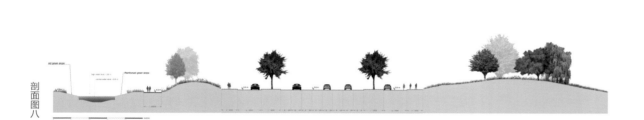

剖面图八

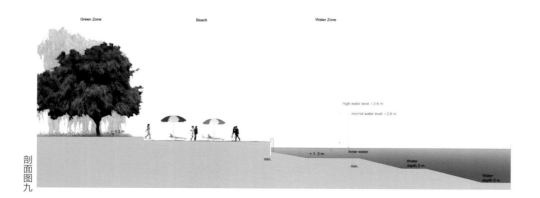

剖面图九

剖面图十

Green Zone

Floating Pavilion    Water Zone

high water level +3.6 m

normal water level +2.6 m

inner water

+ 1.3

Depth 3 m

+4.3 m

Depth 5 m

剖面图十一

Water Zone    Park Zone    Pathway    Pathway    Park Zone    Water Zone

Reinforced green slope
+ 3.1 m

Reinforced green slope
+ 3.1 m

Reeds
+ 2.4 m

Reeds
+ 2.4 m

Inner Lake    Adadu Island    Inner Lake

Depth 5 m    + 1.3    Depth 5 m

剖面图十二

Front Yard    Residential Building    Back Yard    Residential Building    Front Yard    Pathway    Slope    Water Zone

+3.1 m

Reinforced
green slope

high water level +3.6 m

normal water level +2.6 m

Reeds
+ 2.4 m

+ 4.6 m

Underground Parking    Underground Parking

+ 1.3 m

Inner water

Water
Depth
3 m

Depth
5 m

0    5    10    15    20    metres

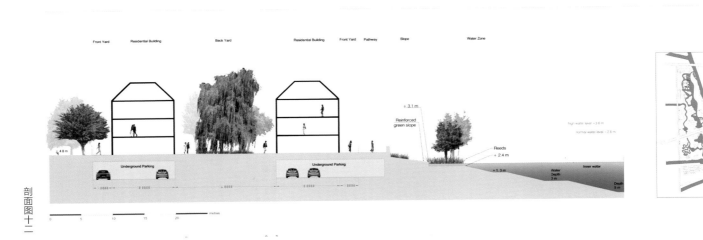

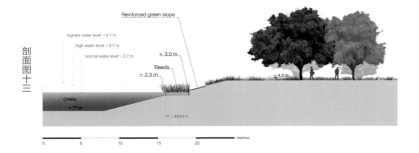

Reinforced green slope

highest water level +4.1 m

high water level +3.7 m

normal water level +2.7 m

+ 3.0 m

Reeds

+ 2.3 m

+ 4.3 m

CANAL

+ ?? m

0    5    10    15    20          metres

剖面图十三

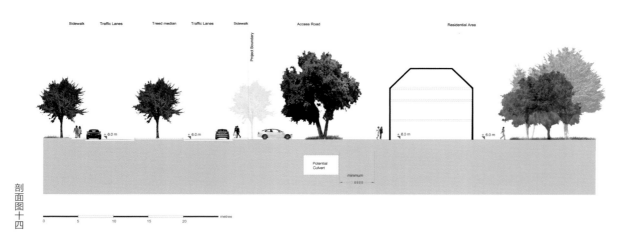

Sidewalk    Traffic Lanes    Treed median    Traffic Lanes    Sidewalk    Access Road    Residential Area

Project Boundary

+ 6.0 m    + 6.0 m    + 6.0 m    + 6.0 m

Potential Culvert

minimum

0    5    10    15    20          metres

剖面图十四

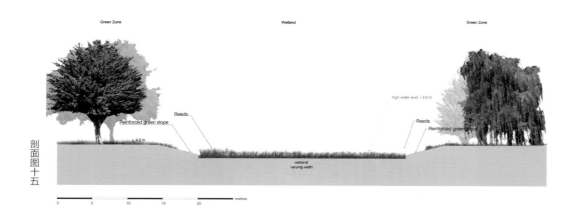

Green Zone    Wetland    Green Zone

Reeds

Reinforced green slope

+ 4.3 m

high water level +3.6 m

Reeds

Reinforced green slope

wetland
varying width

0    5    10    15    20          metres

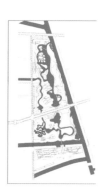

剖面图十五

124

## 结构平面图
## PLAN STRUCTURE

建筑形体
**Built Form**

道路结构
**Road Structure**

林地
**Woodlands**

水系统
**Water System**

绿化系统
**Green System**

城市平面
**Urban Plan**

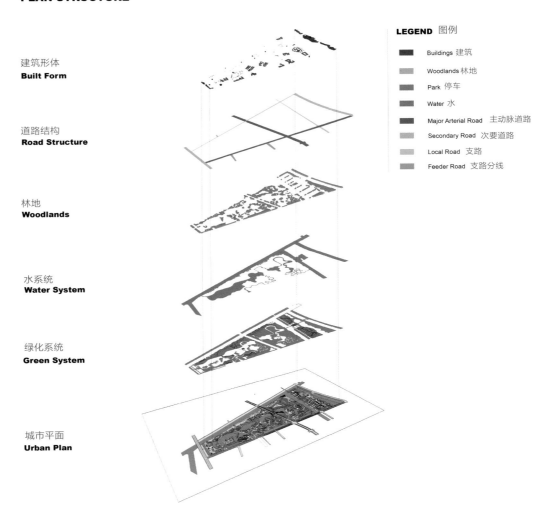

**LEGEND** 图例

- Buildings 建筑
- Woodlands 林地
- Park 停车
- Water 水
- Major Arterial Road 主动脉道路
- Secondary Road 次要道路
- Local Road 支路
- Feeder Road 支路分线

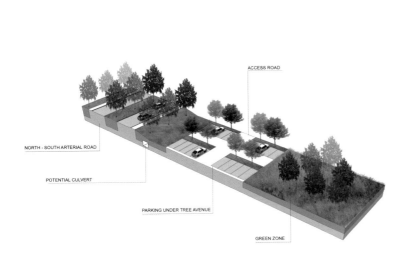

ACCESS ROAD

NORTH - SOUTH ARTERIAL ROAD

POTENTIAL CULVERT

PARKING UNDER TREE AVENUE

GREEN ZONE

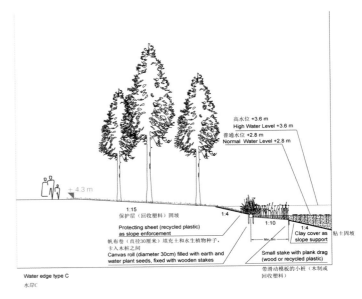

高水位 +3.6 m
High Water Level +3.6 m
普通水位 +2.8 m
Normal Water Level +2.8 m

+ 4.3 m

1:15
保护层（回收塑料）固坡
Protecting sheet (recycled plastic) as slope enforcement

1:4

1:10

1:4

粘土固坡
Clay cover as slope support

帆布卷（直径30厘米）填充土和水生植物种子，卡入木桩之间
Canvas roll (diameter 30cm) filled with earth and water plant seeds, fixed with wooden stakes

带滑动模板的小桩（木制或回收塑料）
Small stake with plank drag (wood or recycled plastic)

Water edge type C
水岸C

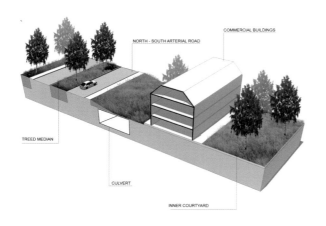

NORTH - SOUTH ARTERIAL ROAD

COMMERCIAL BUILDINGS

TREED MEDIAN

CULVERT

INNER COURTYARD

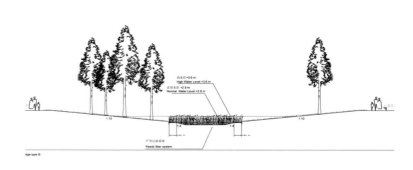

High Water Level +3.6 m

Normal Water Level +2.8 m

Reeds filter system

dge type B

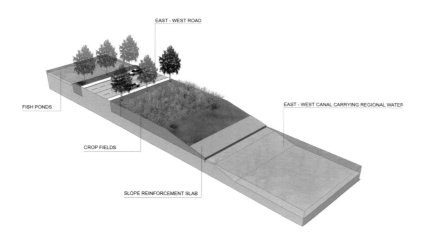

EAST - WEST ROAD

FISH PONDS

CROP FIELDS

EAST - WEST CANAL CARRYING REGIONAL WATER

SLOPE REINFORCEMENT SLAB

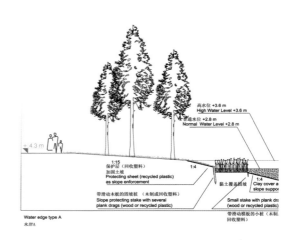

高水位 +3.6 m
High Water Level +3.6 m

正常水位 +2.8 m
Normal Water Level +2.8 m

1:15
保护层（回收塑料）
加固土坡
Protecting sheet (recycled plastic)
as slope enforcement

带滑动木板的固坡桩（木制或回收塑料）
Slope protecting stake with several
plank drags (wood or recycled plastic)

黏土覆盖固坡
Clay cover a
slope suppo

Small stake with plank dra
(wood or recycled plastic)

带滑动模板的小桩（木制
回收塑料）

Water edge type A
水岸A

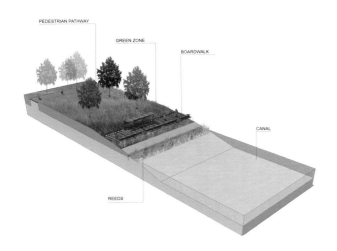

PEDESTRIAN PATHWAY

GREEN ZONE

BOARDWALK

CANAL

REEDS

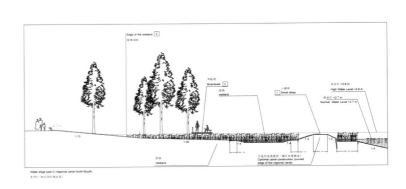

Water edge type D (regional canal North-South)
水岸D（南北向区域水边）

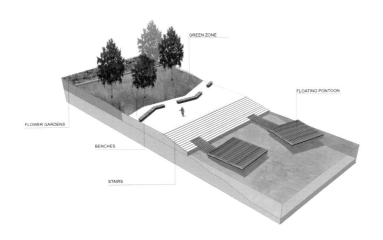

GREEN ZONE

FLOATING PONTOON

FLOWER GARDENS

BENCHES

STAIRS

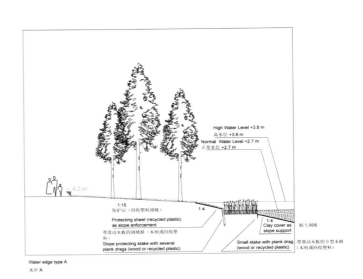

Water edge type A
水岸 A

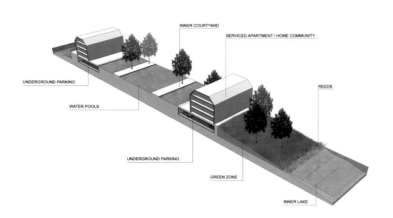

INNER COURTYARD

SERVICED APARTMENT / HOME COMMUNITY

UNDERGROUND PARKING

WATER POOLS

UNDERGROUND PARKING

GREEN ZONE

REEDS

INNER LAKE

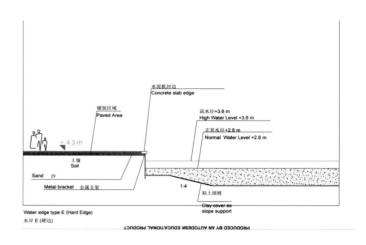

水泥板封边
Concrete slab edge

铺装区域
Paved Area

高水位+3.6 m
High Water Level +3.6 m

正常水位+2.8 m
Normal Water Level +2.8 m

+ 4.3 m

土壤
Soil

Sand 沙

Metal bracket 金属支架

1:4

粘土固坡
Clay cover as
slope support

Water edge type E (Hard Edge)
水岸 E (硬边)

PRODUCED BY AN AUTODESK EDUCATIONAL PRODUCT

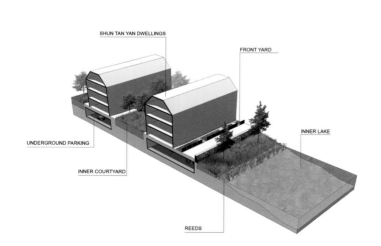

SHUN TAN YAN DWELLINGS

FRONT YARD

UNDERGROUND PARKING

INNER LAKE

INNER COURTYARD

REEDS

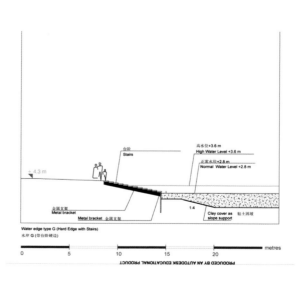

台阶
Stairs

高水位+3.6 m
High Water Level +3.6 m

正常水位+2.8 m
Normal Water Level +2.8 m

+ 4.3 m

金属支架
Metal bracket

Metal bracket 金属支架

1:4

粘土固坡
Clay cover as
slope support

Water edge type G (Hard Edge with Stairs)
水岸 G (带台阶硬边)

0    5    10    15    20    metres

PRODUCED BY AN AUTODESK EDUCATIONAL PRODUCT

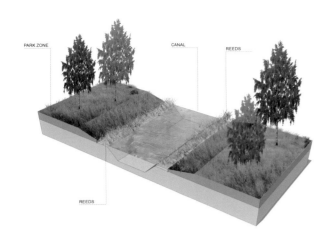

PARK ZONE   CANAL   REEDS

REEDS

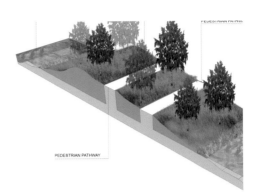

PEDESTRIAN PATHWAY

PEDESTRIAN PATHWAY

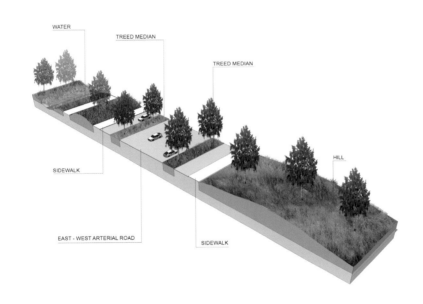

WATER   TREED MEDIAN

TREED MEDIAN

HILL

SIDEWALK

EAST - WEST ARTERIAL ROAD   SIDEWALK

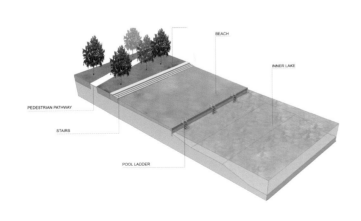

BEACH

INNER LAKE

PEDESTRIAN PATHWAY

STAIRS

POOL LADDER

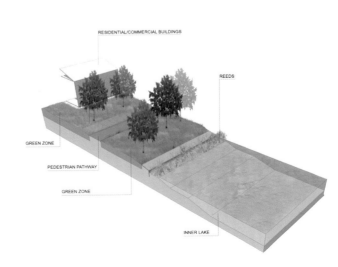

RESIDENTIAL/COMMERCIAL BUILDINGS

REEDS

GREEN ZONE

PEDESTRIAN PATHWAY

GREEN ZONE

INNER LAKE

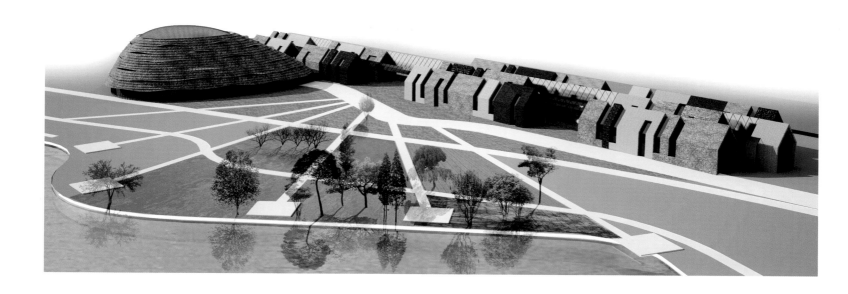

# HENAN QINYANG QINHE WATERFRONT
## 河南沁阳沁河滨水公园

项目地点：河南沁阳

设计时间：2011年

设计面积：2 900 000平方米

设计河道长度：3.8千米

设计单位：日兴设计·上海兴田建筑工程设计事务所

### 寓历史于自然之中

园内在现状的条件下，因地制宜地保留原来状态，包括种植、耕地与生态河岸。同时将沁阳的城市发展用隐喻的手法体现在景观中，处处体现沁阳的历史，让沁阳人民更感亲切，其他游人也能于游玩中体会和了解沁阳引以为傲的城市历史，这也给城市未来注入了新的生机。

### 寓人文于自然之中

沁阳人杰地灵，自古名人辈出，历史文化积淀深厚。园内的景观从当地人文元素中提炼出三条主线，分别契合不同人群的

活动需要，满足他们对于游园赏景等活动的渴求，同时达到寓教于乐的效果。

### 寓生活于自然之中

滨河公园的景观设计以生态为首要原则。景观设计强调人与自然和谐相处的"天人合一"思想，从人的行为和活动出发，提供多样化多层面的活动观景的可能性，并融入趣味性和实践性。设计使沁河滨水公园成为真正以人为本造福于民的景观，它将成为沁阳人城市生活中亲密的一部分。

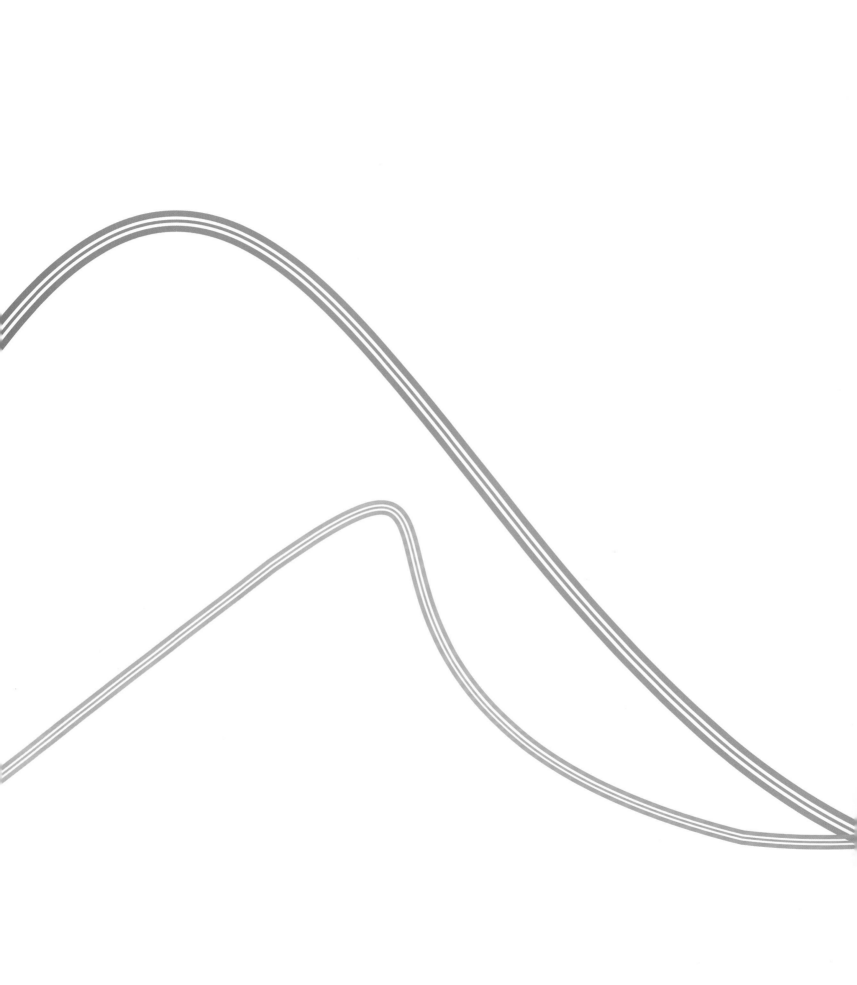

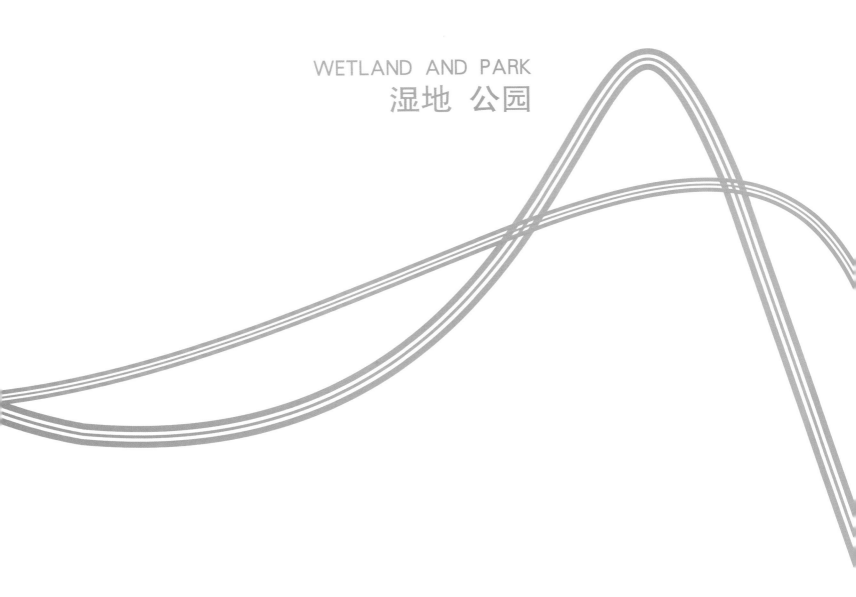

PUBLIC SPACE
公共空间

WETLAND AND PARK
湿地 公园

# YUHONG PARK—HARBIN QUNLI NATIONAL CITY WETLAND

## 雨洪公园——哈尔滨群力国家城市湿地

项目地点：黑龙江省哈尔滨市群力新区

项目面积：约300 000平方米

设计时间：2009年6月—2009年9月

建成时间：2010年11月

生化危机单位：北京土人景观与建筑规划设计研究院

首席设计师：俞孔坚

设计团队：宋本明、李宏丽、龙翔、张文娟、孟繁鑫、孟祥芸、李果、张莉、官苗苗、徐波、袁文宇、何冲、陈枫、凌宏

近年来，城市涝灾已成为困扰中国各大城市的问题，北京、上海、杭州等地的雨后"看海"已成雨季无奈的风景。涝灾给城市带来严重的社会经济损害，并危及生命。城市雨洪公园的诞生，为解决城市涝灾指明了一条出路，一条通过生态和景观设计来解决常规市政工程所没能解决问题的更有效的途径。在这样的背景下，中国首个雨水公园在哈尔滨群力新区出现了。

2009年，受当地政府委托，北京土人景观与建筑规划设计研究院承担群力新区一个主要公园的设计，该公园占地约300000平方米，为城市的一个绿心。场地原为湿地，但由于周边的道路建设和高密度城市的发展，导致该湿地面临水源枯竭、湿地退化、逐渐消失的危险。土人的策略是将该面临消失的湿地转化为雨洪公园，一方面解决新区雨洪的排放和滞留，使城市免受涝灾威胁，同时，利用城市雨洪，恢复湿地系统，营造出具有多种生态服务功能的城市生态基础设施。实践证明，

设计获得了巨大成功，实现了设计的意图。

设计策略是：保留场地中部的大部分区域作为自然演替区，沿四周通过挖填方的平衡技术，创造出一系列深浅不一的水坑和高地不一的土丘，成为一条蓝一绿项链，形成自然与城市之间的一层过滤膜和体验界面。沿四周布置雨水进水管，收集城市雨水，使其经过水泡系统，经沉淀和过滤后进入核心区的自然湿地。山丘上密植白桦林，水泡中为乡土水生和湿生植物群落。高架栈桥连接山丘，布道网络穿越于丘陵。水泡中设临水平台，丘陵上有观光亭塔，创造丰富多样的体验空间。

建成的雨洪公园，不但为防止城市涝灾作出了贡献，同时为新区城市居民提供优美的游憩场所和多种生态体验。同时，昔日的湿地得到了回复和改善，并已晋升为国家城市湿地。该项目成为一个城市生态设计、城市雨洪管理和景观城市主义设计的优秀典范。

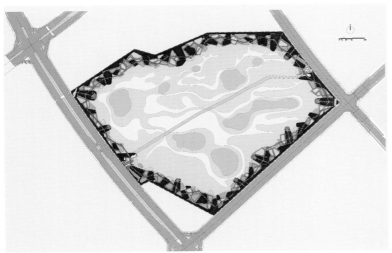

155

# XI'AN 2012 WORLD HORTI— EXPO , CHINESE GARDEN LANDSCAPE PLANNING AND DESIGN

## 西安 2012 世界园艺博览会中国园

项目地点 : 陕西西安

建成时间 : 2012年

设计单位 : 荷兰NITA集团

"中国园"是NITA融中国传统江南园林特色和现代科技为一体的杰作,是2012年园博会室外展区中面积最大的国家展园。园区采用中国古典园林"虽由人作,宛自天开,步移景异,疏密布局"的构造手法,展现出"小桥流水映空廊"的中国江南意境之美,彰显天人合一、人与自然和谐相处的中国传统文化理念。"中国园"还采用了水净化技术、水循环技术、大树移植技术、园路干铺技术、花卉促成栽培技术、太阳能应用技术等多项高新科技,将现代科技与中华传统精粹作了完美的结合。

中国园效果图

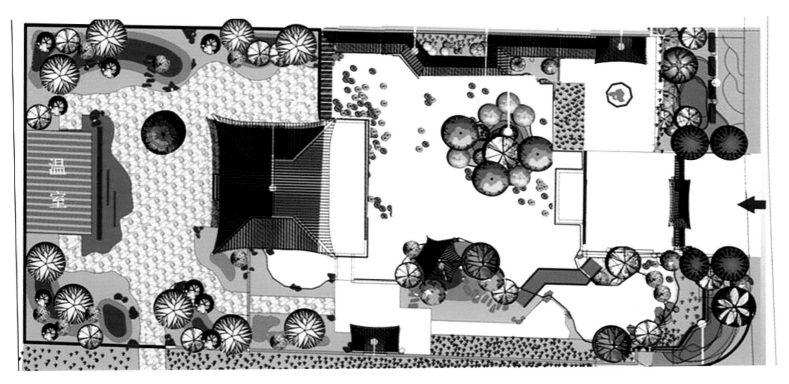

# EXPO PARK,EXPO 2010 SHANGHAI
## 上海2010世博公园

**项目地点：上海**
**建成时间：2010年**
**设计单位：荷兰NITA集团**

世博公园是世博园区的核心绿地，也是会展后上海的永久绿地。设计中，NITA秉承"回归设计与绿色技术"相融合的核心内涵，提出了"滩+扇"的设计概念。滩的形式，是通过对上海地域特征的研究，回归了上海冲击平原的地貌特征；而滨水码头与塔吊的保留更新，则回归了上海近现代工业特征，延续了场地的记忆。绿化配置采用大乔木、花灌木、草坪的搭配，剔除了小乔木等中层植物，保证了大量人流休息停留的场地或草地；同时，扇骨状的布局方式，回归了公园的本质，即世博的绿地+中心城区的绿地+滨水的绿地。扇骨的乔木林，引导夏季主

导风向从黄浦江吹向城区，改善了地区的微气候，回归了环境气候需求的本质；而乔木树种特选了东方杉——上海唯一独立知识产权的植物，回归了上海的本土文化。

上海世博公园景观空间设计，贯穿着城市设计的视野，探求一种新的解决问题的方式和景观规划设计不同的切入点。对于景观空间的物质性和非物质性的研究，提升了设计的品质。这样的景观空间设计，使我们可以从更高的角度分析场地的特性和空间尺度的需求，为区域以及城市整体的空间尺度创造探索的新思路。

The River as groundplane

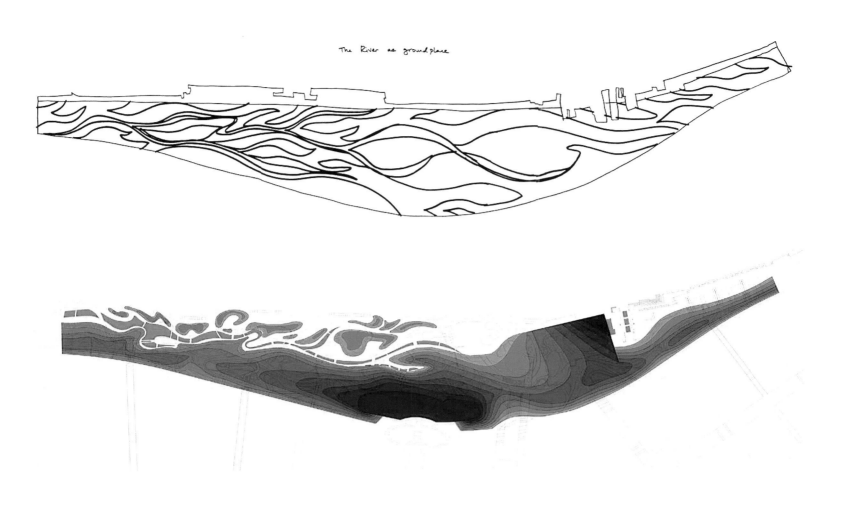

# JIANGNAN PARK, EXPO 2010 SHANGHAI

# 上海 2010 世博园区江南公园

项目地点：上海

建成时间：2010年

设计单位：荷兰NITA集团

本项目设计的原则，是保护场地的现状特征，并在原来的基础上加以改建利用，而不作过多的颠覆性改造，力求延续原有场地的特征与风貌。我们因地制宜地把基地享有的黄浦江丰富的水资源和水景以及现状的自然资源整合起来，塑造一个特色的、适宜的滨水景观区，在保护原有历史风貌的前提下，创造新的人文景观、自然景观，为世博期间提供优质的公共活动空间。设计中把船坞船台作为重点，一方面修缮保护，恢复原有风貌，追溯历史，使其能够尽可能地被保护下来；另一方面进行改造利用，进行功能转换，满足世博会期间的功能需求。这种设计理念源自我们认为，景观设计就应该通过多样的设计手法，把各种文化保存下来。设计中体现的生态理念是多方面的。我们运用先进的生态技术，如太阳能利用、材料循环利用、风能采集、节能材料等，发挥生态效能，实现可持续发展的目的。

# CHENGDU GUANGHUA PARK
## 成都光华公园

项目地点：四川成都青羊区
设计时间：2008年
建成时间：2011—2012年
项目面积：58 000平方米
设计单位：GN栖城

　　成都光华公园项目位于成都市青羊区光华新区的城市中心区，是整个新区的景观中心。公园设计满足了片区居民的游憩需要，改善了居住环境，也为提高片区城市地位和商业价值、带动片区经济发展提供了基础。

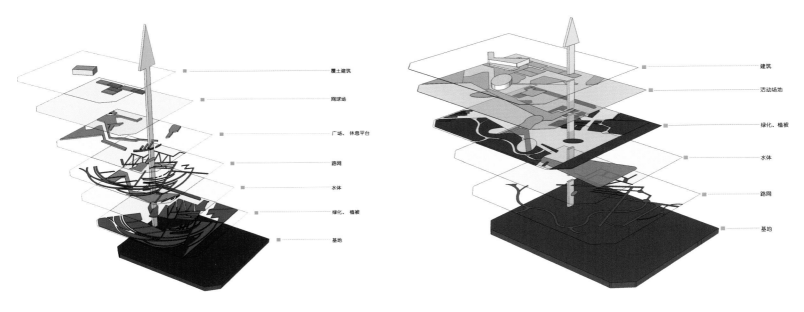

覆土建筑
网球场
广场、休息平台
路网
水体
绿化、植被
基地

建筑
活动场地
绿化、植被
水体
路网
基地

景观空间分析图

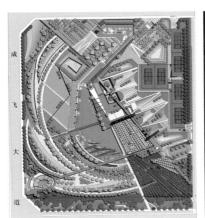

总体景观植物规划

景观照明分析图

夜景灯光效果图

景观灯具布置图

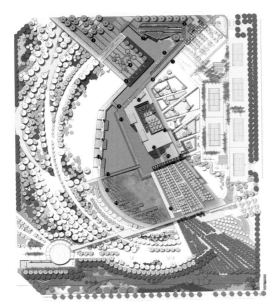

分区平面图

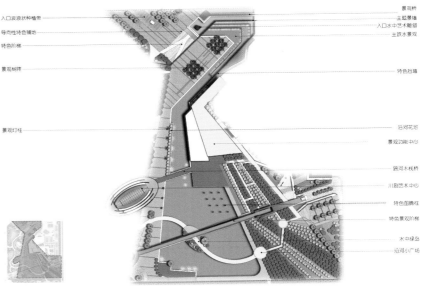

入口波浪状种植带
导向性特色铺地
特色阶梯
景观树阵
景观灯柱

景观桥
主题景墙
入口水中艺术雕塑
主跌水景观
特色挡墙
沿河花地
景观功能中心
跨河木栈桥
川剧艺术中心
特色图腾柱
特色景观阶梯
水中绿岛
沿河小广场

景点分析

173

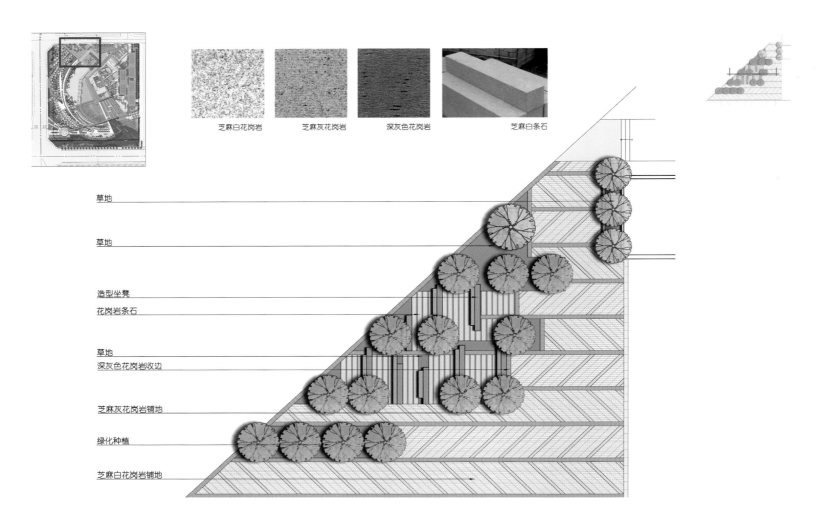

芝麻白花岗岩　　芝麻灰花岗岩　　深灰色花岗岩　　芝麻白条石

草地

草地

造型坐凳
花岗岩条石

草地
深灰色花岗岩收边

芝麻灰花岗岩铺地

绿化种植

芝麻白花岗岩铺地

庭荫广场平面图

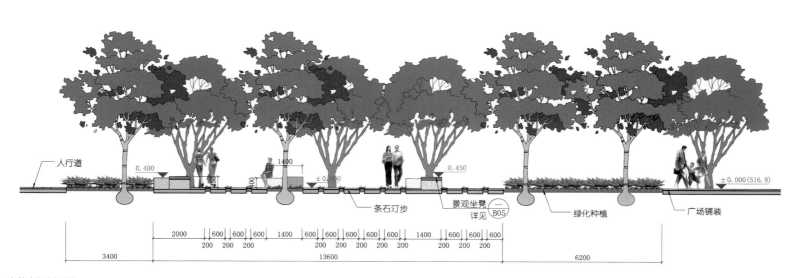

人行道　　　0.400　　　1400　　±0.000　　0.450　　±0.000(516.8)

条石汀步　　景观坐凳
　　　　　　详见 B05　　绿化种植　　广场铺装

2000　600 600 600　1400　600 600 600 600 600　1400　600 600 600
　　200 200 200　　　200 200 200 200 200　　　200 200 200

3400　　　　　　　　13600　　　　　　　　6200

庭荫广场剖面图

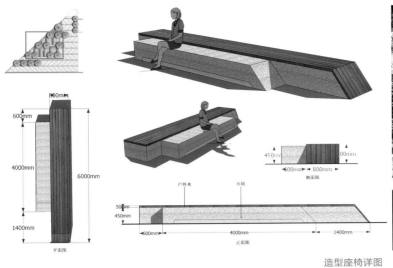

造型座椅详图

庭荫广场效果图

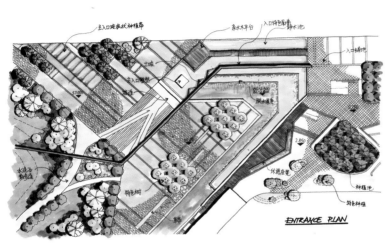

主入口平面放大

主入口透视

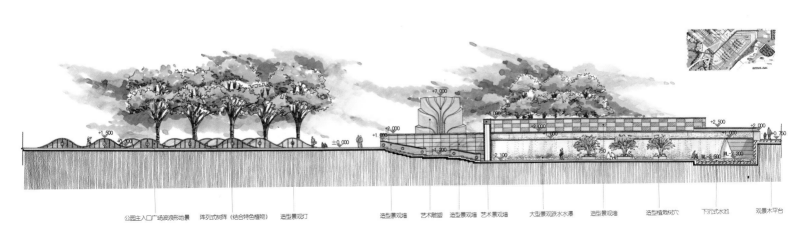

公园主入口广场波浪形地景　阵列式树阵（结合特色植物）　造型景观灯　　造型景观墙　艺术雕塑　造型景观墙　艺术景观墙　大型景观跌水水景　造型景观墙　造型植栽凹穴　下沉式水池　观景木平台

主入口剖面图

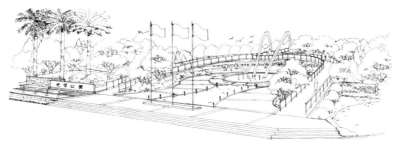

次入口效果图

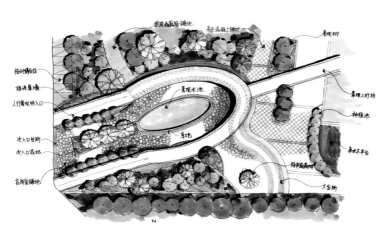

次入口平面放大图

次入口平面详图

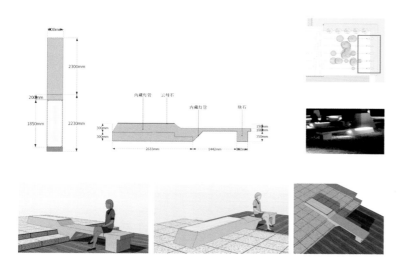

造型座椅详图

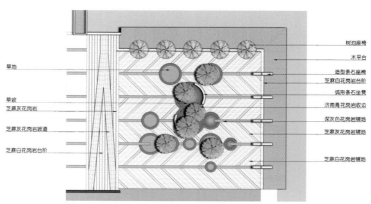

星幕广场平面详图

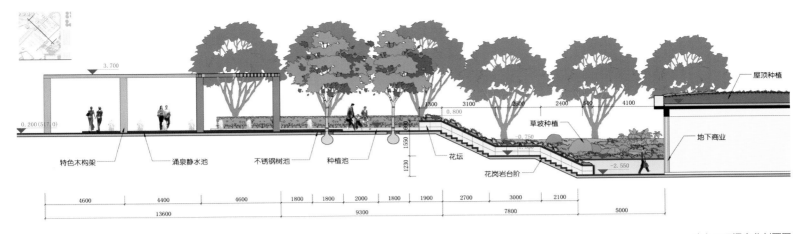

3.700

0.200 (5+7.0)

1300 3100 2300 2400 600 4100

0.800

屋顶种植

草坡种植

地下商业

1550

1230

0.750

-2.550

特色木构架 涌泉静水池 不锈钢树池 种植池 花坛 花岗岩台阶

4600 4400 4600 1800 1800 2000 1800 1900 2700 3000 2100

13600 9300 7800 5000

次入口下沉商业剖面图

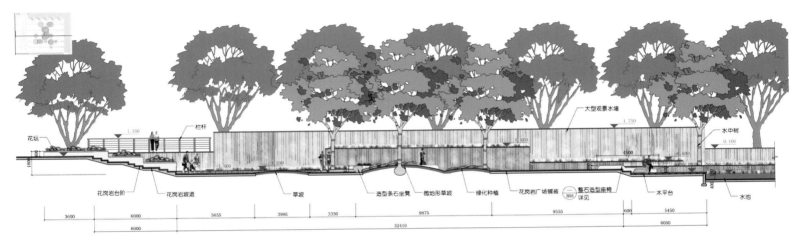

花坛

1.350

栏杆

大型观景水墙

1.750

水中树

0.100

1800

0.800

4500

0.800

花岗岩台阶 花岗岩坡道 草坡 造型条石坐凳 微地形草坡 绿化种植 花岗岩广场铺装 整石造型座椅详见 木平台 水池

1.460 1.200 808

3600 6000 5655 3995 3330 9875 9555 600 5450

6000 32410 6050

星幕广场剖面图

次入口透视图

177

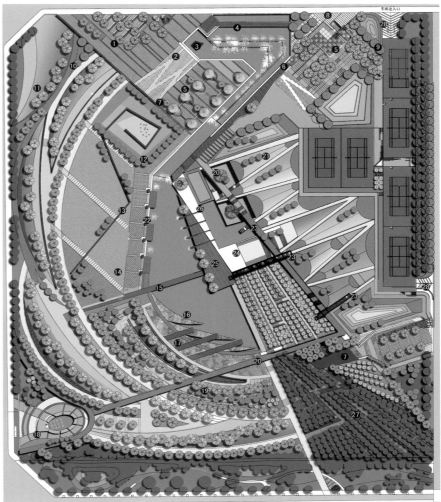

# WUHU CENTRAL CULTRAL PARK
## 芜湖中央文化公园

项目地点：安徽芜湖

设计时间：2008年

建成时间：一期2010年；二期2011年

占地面积：480 000平方米

设计单位名称：奥雅设计集团

位于芜湖城东新区的商务文化中心的定位是成为充满发展活力的芜湖市中心、突显文化魅力的商务集聚区，及体现水乡特色的生态示范区。而此公园的定位是城市公共绿地，是连接神山与扁担河的绿化轴线。本项景观设计提出了"山水间的绿飘带"的概念，打造一体化的生态系统，形成城市中心区的集中开放空间，成为联系神山与扁担河的"生命线"，河、道、丘、林是公园景观设计的四大要素，也承担着城市中心地区生态系统的保持和恢复功能。

设计进入施工图阶段之后，当地政府要求半年之内完成第一期 (4个街区) 的建设。而设计与实施却面临诸多挑战：一是基地现状为淤泥土质，挖渠护岸不能成形；二是场地水文地质复杂，地下水位、地表径流皆受季节影响，时枯时涝。

考虑到以上问题，景观设计创建性地提出以下设计和实施策略：

1. 利用生态石笼驳岸，科学地解决了淤泥土质修渠堆坡的工程难题，并可稳固水土，实现了快速实施建设的目标。

2. 生态石笼演绎出水系驳岸有机、律动却不僵硬刻板的景观形式，成为"河"景的一大特色。

3. 采用"生态草沟"代替管道雨水系统，枯时保墒蓄水，涝时缓冲雨洪；回渗的地面径流经草沟的过滤，汇入人工河道水系，创建了场地自身良好的水系循环系统，实现了人工水系零维护"可持续发展"的先进理念。

4. 草沟种植苗木采用本土的水生耐旱花草，成片的花草自然灵动，随风摇曳，壮观而生机勃勃，成为园路风景——"道"的一大特色。

5. 利用主题乔木片植形成"飘带"，壮观大气，是为"林"的特色，比如园中有银杏、水杉等主题林带；种植的另一特色反映在"低层"，选用当地多年生的草本花木，实现草木植被零维护"可持续发展"的先进理念。

6. 挖渠堆坡，既平衡了土方，又营造了园区特色的景观要素——"丘"。

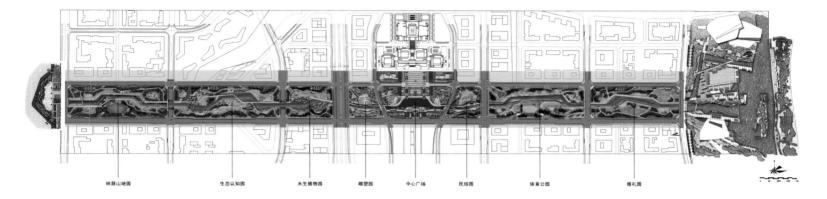

林荫山地园　　　生态认知园　　　水生植物园　　雕塑园　中心广场　民俗园　　　体育公园　　　　婚礼园

总平面图

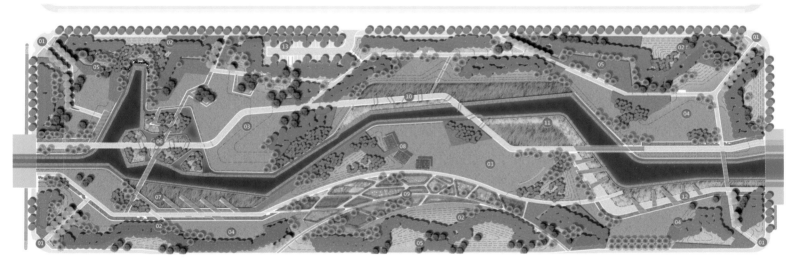

生态认知园平面图

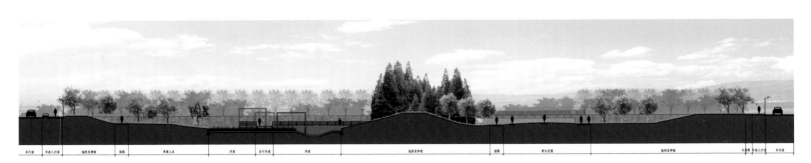

生态认知园剖面图

183

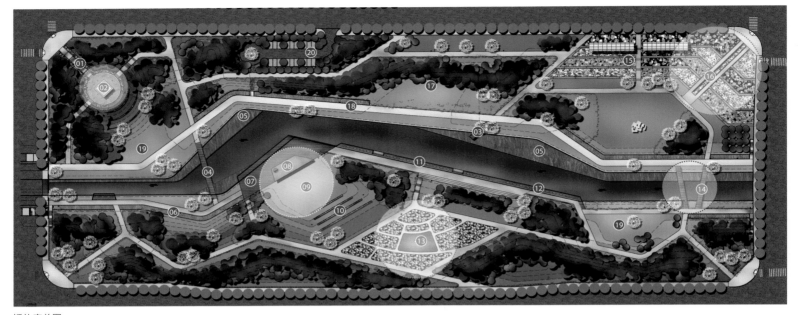

婚礼庭总图

婚礼庭剖面图

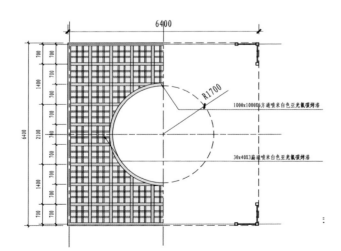

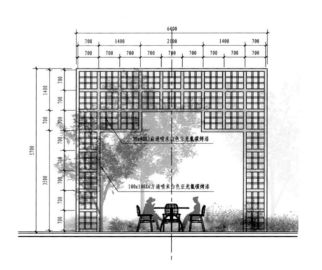

婚礼庭特色景亭详图

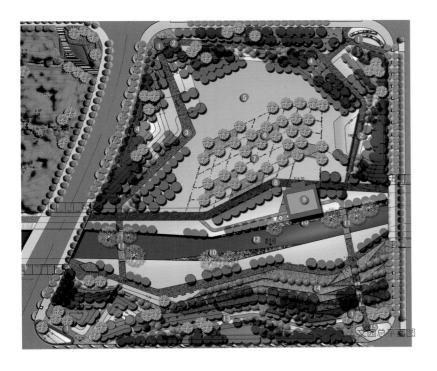

人文园总平面图

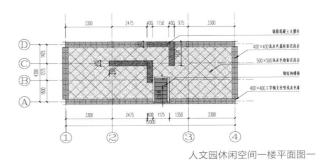

人文园休闲空间一楼平面图一

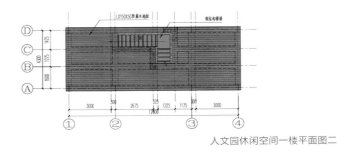

人文园休闲空间一楼平面图二

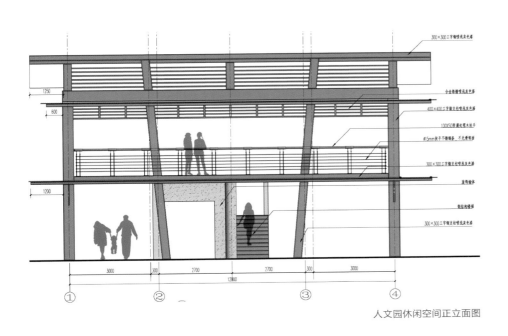

人文园休闲空间正立面图

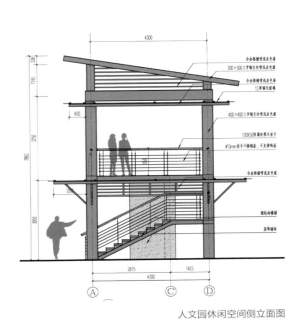

人文园休闲空间侧立面图

185

林荫山地园总平面图

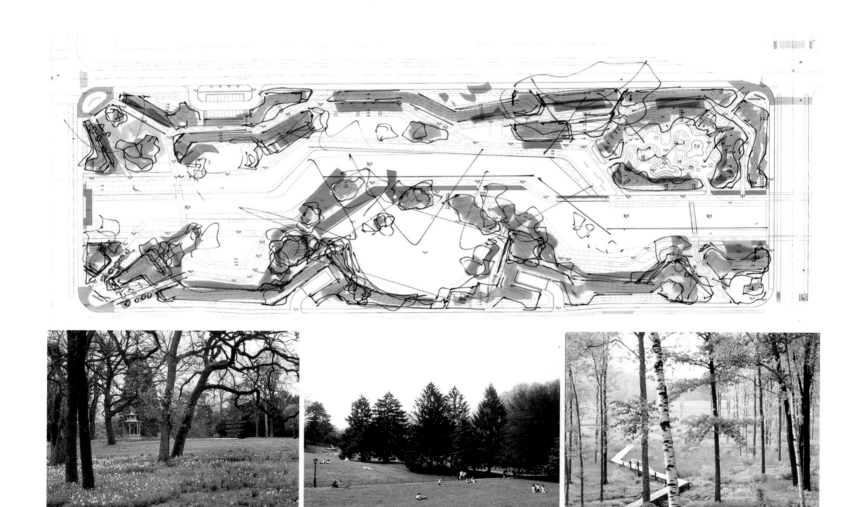

林荫山地园种植

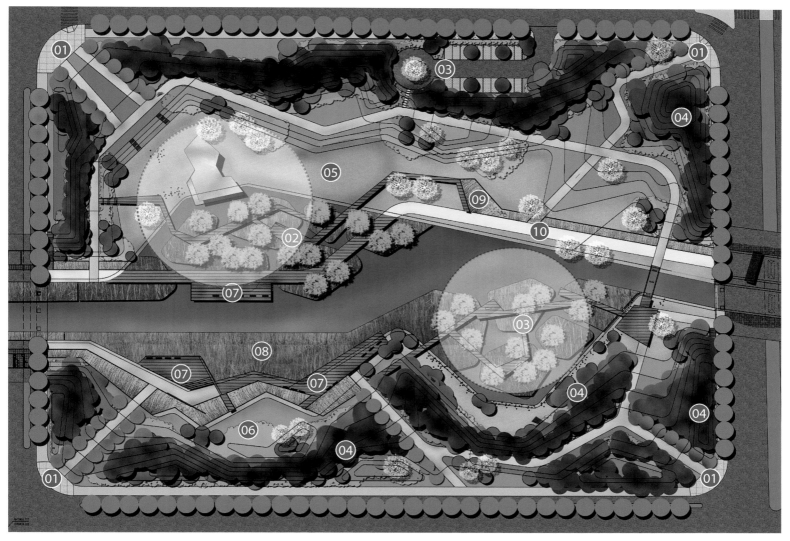

水生植物园平面图

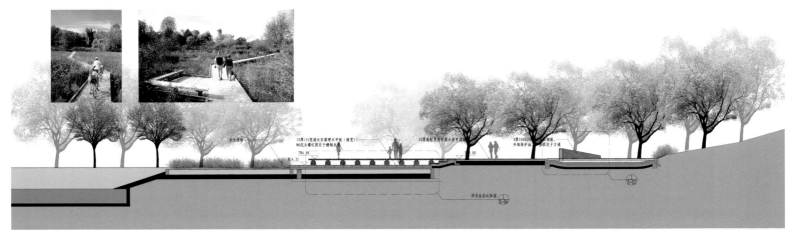

水生植物园剖面图

运动园总平面图

运动园总剖面图

效果图

192

# YANGZHOU SANWAN CITY PARK

## 扬州三湾城市公园

项目地点：江苏扬州

建成时间：在建

项目面积：1 038 666平方米

设计单位：荷兰NITA集团

项目位于扬州广陵区，总面积1038666平方米，其中陆地面积669333平方米，水面面积369333平方米，规划面积70万平方米。

作为扬州2500年城庆的主要会场，三湾公园承载了扬州市太多的期望，是扬州向世界展示城市历史与城市活力的窗口。

在对基地进行仔细研究后，NITA用"银河"的概念，解构融合，塑造具有扬州文化特色的当代绿色公园。从城庆广场、湿地保护公园、申遗公园再到水塔工业遗迹的保留，都展现了对场地的尊重、对过去的解读与对未来的创新。我们期望我们所做的，能让三湾公园如扬州瘦西湖般百世流芳。

SANWAN PARK PLA

# CHINA RESOURCES CENTRAL PARK

## 华润中央公园

项目地点：四川绵阳
设计时间：2011年
建成时间：在建
建筑面积：88 996.68平方米
设计单位：深圳市筑奥景观建筑设计有限公司
主设计师：丁沛华

### 地理环境

华润中央公园地处绵阳未来城市副中心园艺新城腹地，位于绵阳中央政务区核心地段，紧临九洲大道、长虹大道、园艺街、剑南路等多条交通干线，毗邻历史文化古迹西山风景区，周边优质学府林立，交通便利、环境优越，进有嘉陵灵韵，退有鸿恩皓月，可谓是一处"一轴、两肺、三台地"的风水上宅。

### 项目定位

形态定位：宜居城市→中央公园→尊贵的艺术庭院
主题定位：新古典主义+典雅大气+精致隽永
功能+古典浪漫符号+时尚与现代→场所感
韵律+光影+色彩+展示→艺术空间

### 开发思路

本项目是一个囊括了城市豪宅、高端生态写字楼、星级酒店、城市绿地、LIVINGMALL等的城市综合体。整个建筑组群分为住宅区、商业区以及公园区域，住宅区由33F的高层组成，主要集中在整块用地的西侧和北侧，公园地块位于住宅和商业地块之间。

景观设计师以遵循城市发展规律的前瞻眼光，尊重土地原生的地段优势与生态景观优势情结，以城市复合体的规划思想，进行整体开发。景观总绿化面积为67881平方米，分为三期展开设计，其中一期景观面积为24218平方米，二期景观面积为20548平方米，三期景观面积为23115平方米。

### 规划理念

设计推崇低调奢华的理念，通过简洁重复的竖向线条，呈现庄重与挺拔的气质，通过丰富细腻的细节纹理装饰体现精巧雅致，使华润中央公园以高贵内敛的景观形态，展示着隽永优雅的艺术文化气息，力求一种不动声色的大气，在岁月的洗礼下，更具时间苍桑感。

在整体空间形态上，设计师依照地形的自然起伏，结合功能分区的需求，采用层层递进、收放有序的景观变化，形成"庭院深深深几许"的视觉感受。而对于每个私家庭院的设计，又做到了各具特色，融入新古典主义和自然风情笔触，既具有现代主义简约却不简单的特点，也不失古典主义精致而不繁缛的风韵。整个区域从大处着眼，将养生、休闲、艺术、生活紧密结合在一起，创造了一种艺术活力型社区，让居民告别繁重的工作负荷与巨大的心理压力，摆脱钢筋混凝土下的浮躁与喧杂，回到灵魂休憩的港湾。

### 景观设计

中央公园带来了诗意生活。我们从各个角度演绎和谐的自然，从每个细节雕琢光影与柔美，从自然中提取元素，演绎花香蝶舞的华美生活，从人们的心路历程中层层展开高贵优雅的景观。

从入口广场，到中心庭院，再到私家花园，从公共空间到专属空间，风景，在空间里行走；空间，在风景里恣意延伸。入口广场夺人眼球的大花坛，周边石柱对称的几何纹理，优美的弧线形道路，一切都是那么和谐。中心庭院层层重叠的圆形台阶，小立柱上方整的纹理装饰，中央高高耸立的花朵形三层雕像，卡拉麦里金的黄，配以古铜色的装饰，是那久远的古典主义情愫缠绕在内心挥之不去的记忆沉淀。整个庭院空间分为：金色罗曼会所庭院，以及欢乐水岸、烂漫花田、梦幻丛林、漫步云端四个组团庭院。其中金色罗曼会所庭院以阳光为主题，四个组团庭院的主题分别为水、花、林、云。

景观设计师在契合建筑风格的基础上，集萃现代都市高尚品质生活的要素，用景观空间语言诉说豪宅生活享受，寻找新的符号演绎秀美、灵空与精致之感，通过空间区域的划分，植物装饰的个性设计，低语着对生活的热爱、对细节的雕琢，

四川省地图                 绵阳市地图                 项目所在地

区位图

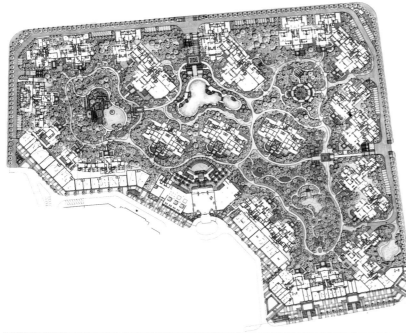

表现对自然的崇拜以及对土地的感情。各式园林小品、草绿花香铺展开来，于风景之中，汇聚出高贵情调，如同阳光下飞舞的花瓣飘进不同的庭院，相同的元素又诉说着不同的故事。细致入微的功能设计使每一个人都找到属于自己的空间。设计者用对生活的热爱去营造景观，把人们引入大自然，诉说真正的土地之美。

这种高贵的新古典和Art-Deco风情景观设计，契合业主身份与气度的领属感与归家感，使每一户业主都拥有专属的尊贵气质，从而营造出对温馨住家的眷恋之情。

## 绿化设计

华润中央公园的绿化率高达42.8%，植入的乔木与灌木比例为4:6。绿化方案注重车行道路空间、道路交叉口、庭院落户植物的设计搭配、人行道植物景观效果、私密性空间。与建筑风格结合，在植物软景设计的过程中遵循"师法自然，生态优先"的自然原则。植物整体结构和层次感，均充分考虑场地现状、建筑构造、日照、朝向等因素，选用四川本地乡土树种，共同组成多层次的生态组团，其中各个组团之间运用隔音、遮蔽效果良好的植物组团相互分隔，塑造"春意早临花争艳，夏季浓荫好乘凉，秋季多变看叶果，冬季苍翠不萧条"的生态园林住区，展现新古典花园自然、质朴的优雅风情，让居民感受到四季的变换和生态空间的无限趣味。

## 交通组织

华润中央公园根据地形的形势建筑和景观设计的规划，物业形态衔接，设计了落户业主的散步空间、便捷小径，交通要道分为：小区主入口，小区次入口，车行流线，地库出入口，地面停车场，一、二、三期主要人行流线，一、二、三期入户流线，商业人行流线，小区管理流线。

# KARAMAY EAST LAKE PARK CONCEPTUAL LANDSCAPE PLANNING

## 克拉玛依东湖公园概念性规划

项目地点：新疆克拉玛依

设计时间：2011—2012年

占地总面积：3 800 000平方米

设计单位：阿特金斯

### 项目简介

基于克拉玛依市2050总体城市规划，东湖公园是其向东发展的重要区域。在阿特金斯产业研究、城市规划、景观、交通、桥梁、水工程等多个部门的有机协作下，东湖公园用景观链接起旧城与新城，演绎了独特的北疆城市湖景，丰富了传统水节的内容，为克拉玛依乃至北疆打造了一处独特的城市之湖、生态之湖和景观之湖。

源之于油、兴盛于水的克拉玛依市发展的历史，使关注自然和传承历史成为设计灵感的来源。我们围绕中国文化中的"山水"打造了一个全新的城市门户水景公园，同时，约700万立方米的东湖蓄水还可作为市区紧急备用水源。"湖在城中"项目的实施将提升区域生活品质、丰富城市旅游内涵、改善区域生态环境，并可为东湖周边区域带来明显的经济效益。我们结合地标性景观大桥、景观岛屿、滨湖商业水街、文化展示岛、休闲码头及功能性湿地等景观，传达出城市生活与自然和谐共生的理念。

### 设计原则

**科学性：**关注环境因素，严谨地处理水体面积、水面高程、库体容量，保持生态和功能之间的平衡。

**休闲性：**倡导健康环保的生活方式，鼓励、促进人们之间的沟通交流，提供舒适、有品质和品位的休闲娱乐场所。

**生态性：**可持续开发策略有效整合周边生态和旅游资源，打造一个可全季节旅游的城市。

**地标性：**东湖景观桥梁通过一柱齐天的造型，凸显克拉玛依市在石油产业中所要确立的"一个伟大石油之城"的深层含义。

东湖公园的设计主要内容包括以下9个项目：中央湖区、休闲健身区、度假区、探险公园、文化展示区、滨湖商业水街、北疆花园、入口广场和湿地体验。

① 风情街亲水广场
② 展厅
③ 冰雪主题广场
④ 湿地核心区
⑤ 雅丹特色漂流
⑥ 攀岩中心
⑦ 瀑布体验栈桥
⑧ 野生草场
⑨ 林荫广场
⑩ 庆典草坪
⑪ 户外SPA
⑫ 特色商业
⑬ 金色沙滩
⑭ 沙滩商业
⑮ 五星酒店
⑯ 湿地花园
⑰ 艺术草坪 地标广场

⑱ 神秘花园
⑲ 游艇码头
⑳ 花园商业组团
㉑ 长廊式咖啡餐厅
㉒ 中央城市观演草坪
㉓ IMAX影城及娱乐中心
㉔ 特色商业街
㉕ 湿地酒吧部落
㉖ 观演舞台
㉗ 玫瑰庄园
㉘ 动态水梯林荫道
㉙ 停车场
㉚ 活动草坪
㉛ 湿地花园
㉜ 温室岛
㉝ 文化博览馆
㉞ 观景台

# FLOWER SHOW EXPO-JINGHUA GARDEN

## 第七届中国花卉博览会——京华园

项目地点：北京

项目面积：5 000平方米

设计时间：2009年2月

完成时间：2009年9月

景观设计：上海张唐景观设计事务所

京华园主题为"京华双娇,古韵新妆",突出展现北京市市花——月季和菊花。如何在占地仅仅4000多平方米范围内,组织节假日里大量观展人流,是设计的挑战；将市花以隐喻的方式在景观中体现,是设计的难点。

设计通过对地形的塑造,局部抬高场地,用"8"字形立体交叉组织人流,延长了游览时间,同时因为花卉展示在坡地或台地,为观者提供了不同寻常的观赏角度。以抽象的月季花瓣为台地的月季花展示区,与菊花谷地之间,由菊花桥为连接。抽象的菊花花瓣钢桥,以及菊花谷入口处的菊花流水,以曲线的柔美,营造似穿行于花丛中的意境。

该园获得第七届中国花卉博览会金奖,被保留成为永久性花园。

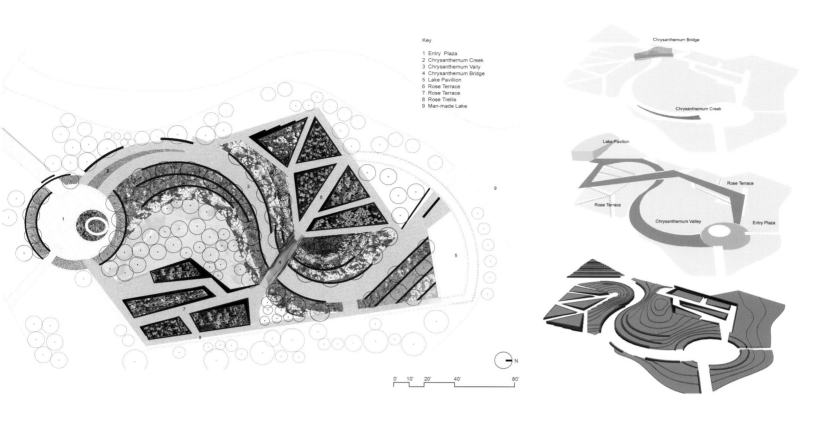

# GUANGDONG HESHAN GONGHE PARK LANDSCAPE DESIGN

## 广东鹤山共和公园

项目地点：广东江门

设计时间：2010年

建成时间：2011年

占地面积：260 000平方米

设计单位：广州土人景观顾问有限公司

首席设计师：庞伟

项目负责人：黄征征

委托方：广州新福港地产置业有限公司

委托方总建筑师：杜金虎（Toh Kim Hor）

图片提供：黄志坚、李津

江门共和生态公园位于江门市共和镇规划中心位置，紧临江鹤高速路，占地26万平方米。场地周边山体覆盖着公路绿化常用的尾叶桉经济林，地形错落复杂，中心有地势低洼而开阔的三个水塘，水中有小岛数个，水岸有坡地、滩涂，由于长期种植单一树种，其他植物物种被排挤，生态平衡遭到严重破坏。桉树经济林的栽植方式使土壤强度侵蚀比例逐年升高，场地内水体几近枯竭，土壤呈现营养不良的亚健康状态。如果不作改变，这块土地的未来令人担忧。因此，此次设计希望能够建造一个低成本维护的自然环境，一个可以自己生长的公园，使其通过自身机能调节，营造抑或说还原出积极有魅力的岭南生态景观。

公园建设首先是改善退化的土壤环境，最终从根本上解决这里的生态缺陷问题。我们通过移除场地内尾叶桉林，建立较完整的乡土植物基底，从而逐步恢复土壤的"健康"。乔木层选用榕树、荔枝、木棉、白兰、黄槐、紫荆等乡土树木混种；灌木植被则选用了映山红、野牡丹、香根草、芦苇、棕叶芦、象草、白茅等生命旺盛的花草；更有竹子和芭蕉穿插其中，以丰富的亚热带植物群落重建生态平衡，并达到自我调整的目的。

在对场地内水体的处理上，设计师采用了低干扰的手法，顺其落差，筑坝搭桥，在驳岸种植丰富的水生植物，疏通生态廊道，为动物的栖息提供了良好的条件。经过跌级处理的水塘，承担着雨水收集的工作，并可对周边绿地进行灌溉，对整个公园的景观效果和生态环境也都有着巨大的影响。

公园里人工设施和漫步道的设置也建立在恢复生态环境的基础之上。通过置入折桥、观景台、码头、水榭、建筑、水坝、栈道等，让人们畅游其中时能有丰富而有趣的体验。而为了尽可能减少人工建造对自然环境的负面影响，场地中人工元素的材料大多来源于共和镇本地可取素材，如竹、木、毛石等；手法上也采用了当地常用的建造方式，造价低廉，却野趣盎然。

# COMPREHENSIVE TREATMENT AND GREENING PROJECT OF MINE IN ZHUSHAN

# 珠山矿山综合治理及覆绿工程

项目地点：江苏徐州经济开发区高铁国际商务区内

项目面积：112 805平方米，（其中，绿地面积85 732平方米，建筑面积27 073平方米）

设计时间：2009年1月—2009年11月

建成时间：2010年

设计单位：上海锦展园林设计工程有限公司

主设计师：郭强

## 项目背景

项目位于徐州经济开发区核心地块——高铁国际商务区的东珠山。由于多年无序的山石采掘、爆破，岩层内部被破坏得支离破碎，山体遗留的大大小小的矿坑、危岩、陡崖等形成了一种独特的地貌——"矿山宕口"。这座原本宛如明珠的大山变成了满目疮痍的城市伤疤，与迅速崛起的创新型经济技术开发区极不相称，珠山宕口的改造迫在眉睫。据主持该项目的相关负责人介绍，修复后的东珠山，拥有日潭、月潭、珠山瀑布、山间云梯、"天池"双湖、"峰回路转"游步道等"变废为景"的新景观，让公园呈现出移步换景的景观效果。

## 项目介绍

### 【重塑】

首先，对处处危坡的山体进行重塑困难重重。常规的土方施工技术和工艺无法满足工程要求，但项目组迎难而上，专门成立了多专业、多工种QC小组，与地质结构专家、资深勘探专家、顶级爆破专家等相关行业专家多次现场"会诊"。主设计师郭强说："整个施工组织设计明确要求，爆破主要为山体地质结构稳定和危石乱石的排除服务，而对于山体存在的完好岩石及具有景观价值的山石，我们予以了很好的保留，所以在后期的建设中，景观效益的表现发挥得极尽自然得体。"事实证明，科学有效地引入山体爆破分项不但没有破坏原有的山体岩层，反而为整个珠山宕口的"外科整形手术"下了"快、狠、准"的一刀。

最终，在保证对有观赏价值的山石予以加固保留的基础上，一个科学合理的重塑山体结构方案漂亮出笼，"今天看来，俊朗的骨架，为景观效果奠定了基础。"郭强说。覆绿项目在2009年大年三十儿轰隆隆地拉开了建设的序幕。2009年3月，山体骨架重组初战告捷，整个施工也由此进入了景观覆绿阶段。首先，根据覆绿留景的要求，在珠山面向金龙湖的宕口坡面和一切影响视觉的坡面处均予覆绿、景石保留；同时在有条件的岩崖处进行垂直绿化；而对于宕底，则进行清理杂石，以覆绿为主，少量种植乔灌木、铺设草坪。

覆绿阶段采用了挂网喷播技术并对草籽进行了改良，掺入了丰富的野生花卉，使其更符合徐州当地山林的生态环境。据介绍，在植物选择上，设计师以不同树木镶嵌组合，形成了合理的植物群落，植被种类多达140余种，同时安装养护浇灌系统、蓄水系统，确保了植物种植养护和观景之需，同时，对于回填土方也是非常注重其营养成分的保留，最终达到了90%的苗木成活率。

### 【提升】

重新塑形并覆绿的珠山恰似一块玉石，焕发出勃勃的生机。而对于这块美玉，公司项目组并没有停止对它的雕琢和修饰。

项目组根据徐州市委、市政府的前瞻性决策，多次组织专家和技术人员深入现场考察，集思广益、设计论证，将东珠山治理工程从原先的覆绿改造，全面提档升级为徐州东部商圈的山体公园，因地制宜、节俭高效地把东珠山建成国内首家宕口遗址公园并对外开放。

"按照公园建设标准，它涉及地形地貌竖向系统、植物群落配置系统、游览系统、景观系统、照明系统、灌溉系统、监控系统等，而建矿山山体公园又远远超出了建一般公园的范畴，它需要专业知识和专业工种的延伸，这在全国也是先例。"郭强如是说。因宕口山体覆绿是进行生态修复，游人不必进入宕内，就地质灾害而言是减持标准；而在宕口里做公园，则首先要解决地质灾害问题，即确保地质灾害被全面排除之后才是景观效果的有效表现。

攻坚克难、战天斗地，最终，两潭、两岛、一瀑、一谷、一云梯等七大主题景观的提升工作一个个陆续华丽上演。

225

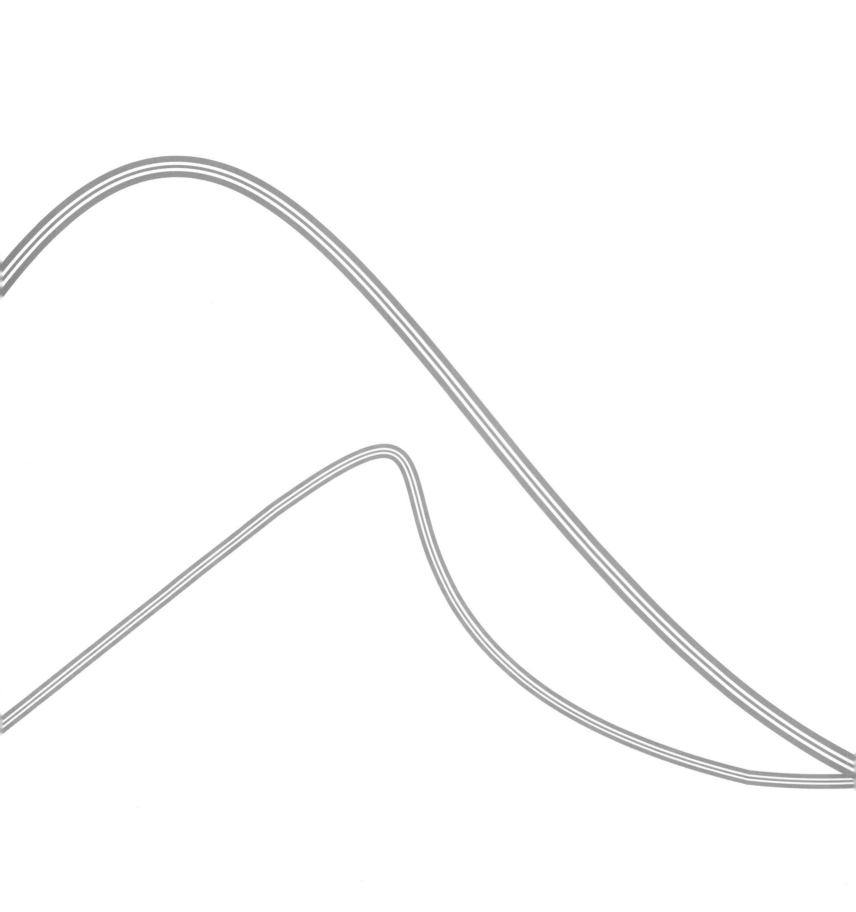

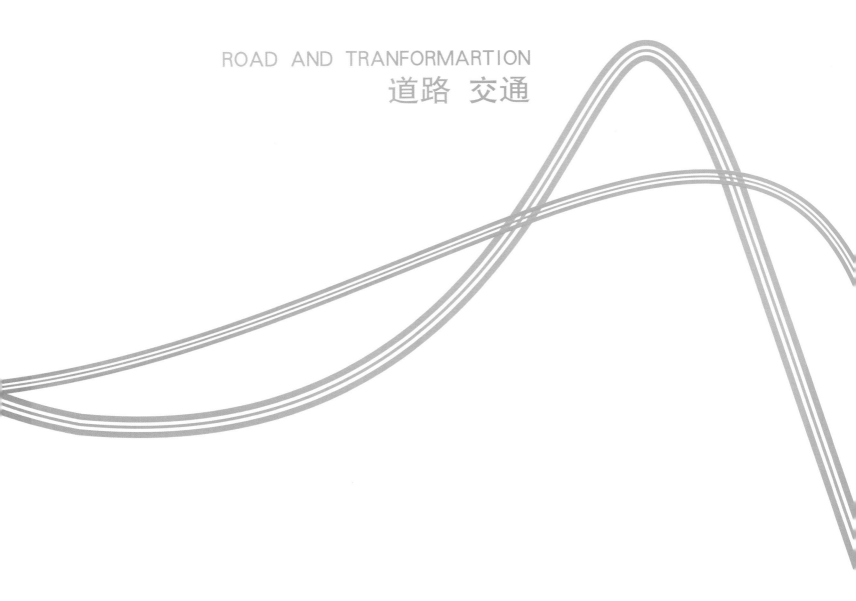

PUBLIC SPACE

# 公共空间

ROAD AND TRANFORMARTION

## 道路 交通

# THE SOUTH SIDE OF THE GREEN OF HARBIN QUNLI ROAD

## 哈尔滨群力大道南侧绿化

设计地点：黑龙江哈尔滨

设计时间：2007 年 4 月—2009 年 10 月

建成时间：2011年

项目面积：93 000平方米

设计单位：GN栖城

哈尔滨群力大道南侧绿化带景观设计东起职工街，西至龙葵路，中间为武威西路至武威东路的城市广场，形成了一条长1.8千米、宽50米的城市绿化带。设计以城市之轴、滨江之轴为定位，着力依托哈尔滨悠久的文化底韵，打造以金、元文化为核心的大江文化和冰雪文化，形成绿色景观之轴。景点沿河道布置，营造场地、空间的灵活变化。

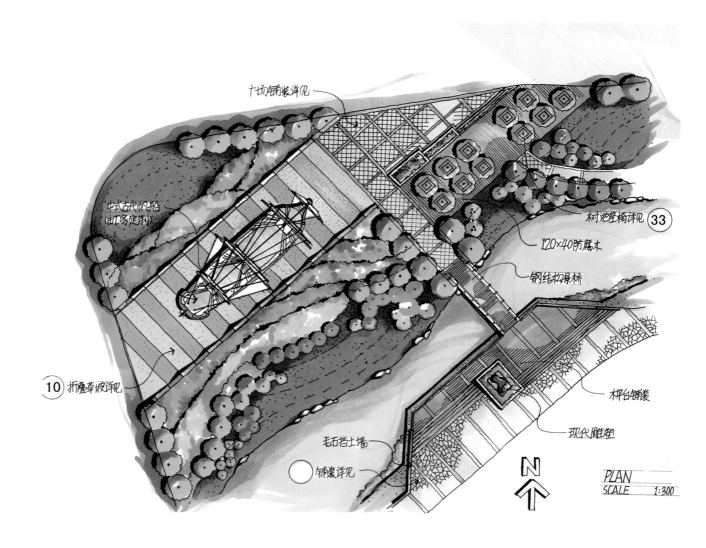

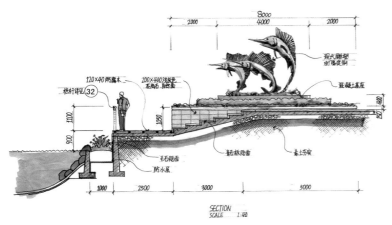

入口广场剖面图

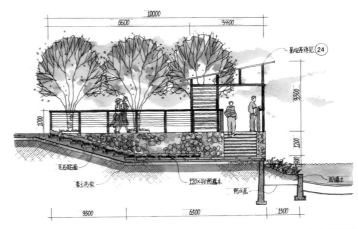

滨水平台剖面图

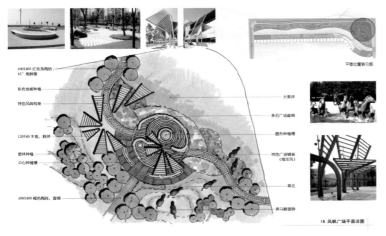

风帆广场平面详图

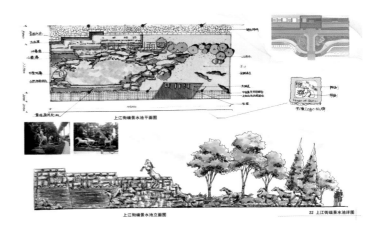

上江街端景水池详图

跌水池效果图

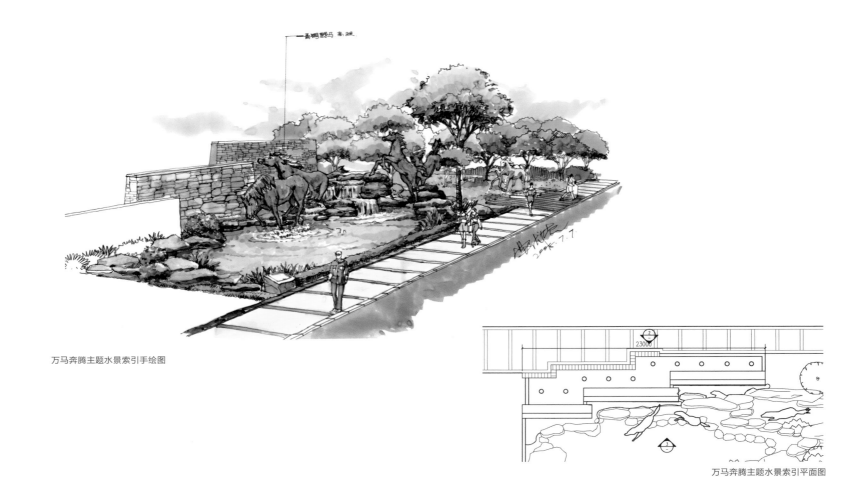

万马奔腾主题水景索引手绘图

万马奔腾主题水景索引平面图

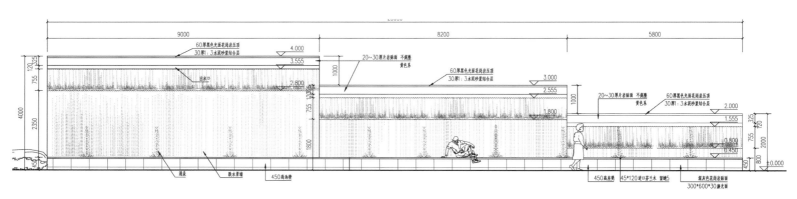

万马奔腾主题水景索引前立面图

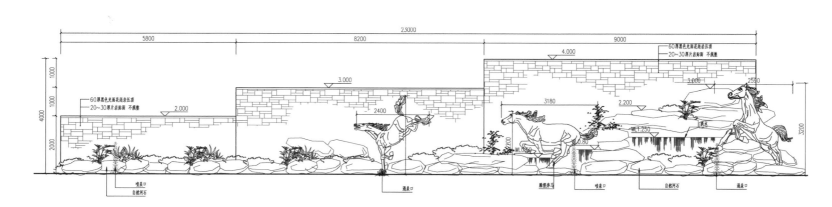

万马奔腾主题水景索引前立面图

# DONGGUAN SHILONG REGIONAL GREENWAY DESIGN

## 东莞石龙区域绿道设计

项目地点：广东东莞

设计时间：2010年8月

建成时间：2012年

项目面积：180 000平方米

设计单位：城设园林设计有限公司

项目位于广东省东莞市石龙东江南岸，面积为180000平方米，沿途经过三座跨江大桥。整个沿江道路的原状是：休闲配套设施少而且落后；道路质量差；驳岸不够自然、生态、美观；植物品种单一，缺乏层次。

设计以人为本，在保护和利用文化遗产，串联城市与社区通道的同时，为市民提供良好的户外交流空间，促进人际交往以及社会和睦。设计重点打造服务站、户外剧场与市政道路的衔接关系，以及沿途绿化和休闲条件的完善改造。服务站设计，在合理疏导人车路线的同时，结合各功能空间，形成一个集租车处、停车场、亲水广场、咖啡吧等户外休闲设施于一体的市政滨江小公园；在江景较好的区域，设计户外剧场，满足市民公共活动所需；市政道路与绿道的衔接过渡，充分考虑便捷性、安全性；整个沿途绿化，尊重生物多样性与生态性，植物搭配疏密有致、浓密的林带、开阔的风筝草地，搭配在局部开辟的或抬高或下沉的亲水空间、垂钓平台，深刻强化了绿道的基本功能。骑车的市民、以及散步的、嬉水的、写生作画的游人都能各得其所，而在江景的映衬下，绿道更是成为一幅灵动的画面。

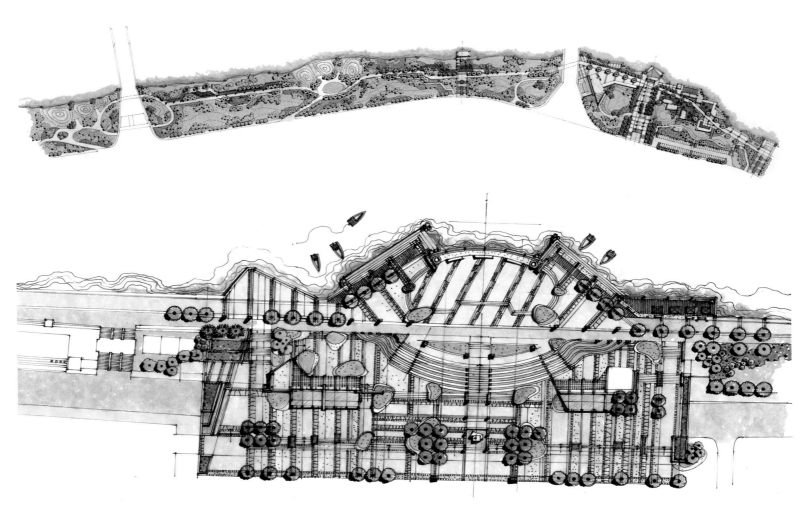

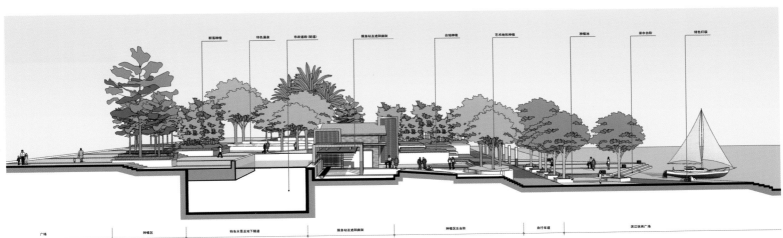

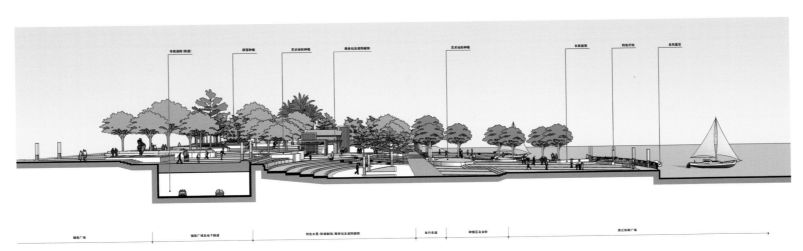

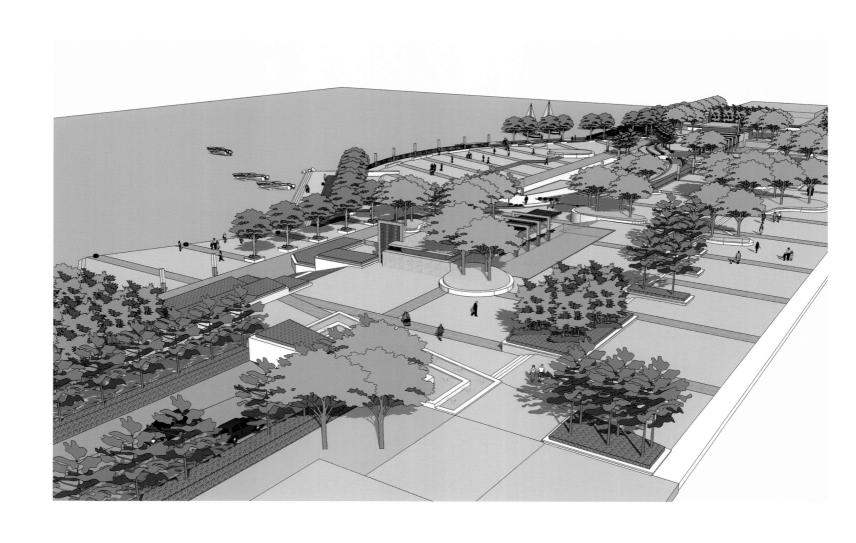

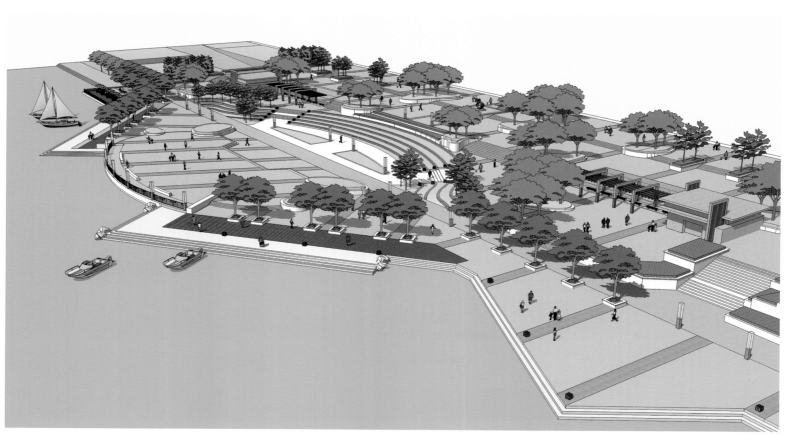

# LONGMU BAY INTERNATIONAL RESORT GATEWAY LANDSCAPE DESIGN
## 海南龙沐湾国际度假区高速入口设计

项目地点：海南乐东县

设计时间：2012年

完成时间：在建

面积：65 000平方米

设计单位：TRACT（澳大利亚）

主设计师：STEVE CALHOUN、卓承学

### 项目背景

该项目要求对进入度假区的龙沐湾大道与环岛的西线高速交叉口的交通节点进行景观处理，形成标志性，打造龙沐湾国际度假区的入口门户。

### 项目介绍

TRACT在道路景观上有着极为丰富的设计经验，包括墨尔本周边几乎所有主要高速路，以及位于南澳和昆士兰的许多道路项目，因此在本项目上可谓驾轻就熟。但设计过程中也遇到了一个难点，就是对标志性的定位问题。

因为度假区本身的特色较多：地中海式的建筑风格、滨海沙漠的自然特征、山海互动的区域环境、仿生建筑八爪鱼酒店、中国独一的落日沙滩景观，以及"龙沐湾"这个在民间传说的浪漫名字等。本设计追求的不只是标志性、门户性，也不是夺人眼球的第一印象，而是更希望它能经得起时间考验，成为本区域道路景观设计的标杆式项目。

### 设计思路

在项目场址连接环形匝道的高架桥跨过西线高速，进入龙沐湾大道；远景为尖峰岭山脉，山体优美的天际线在入口匝道区域清晰可见；但农田、电线杆和零星的建筑形成的近景、中景显得较为杂乱。本设计对道路景观资源统筹设计，创造入口序列感和进入度假区的体验。道路右侧3米高的景观导引墙，既遮挡了杂乱的近中景，又与大王椰的树冠线一起框出飘浮其中的山脉天际线，形成"远山无脚"的景观意境。同时石材贴面的导引墙也成为强烈的主题元素，呼应度假区建筑色调，疏导视线和车行流向，创造进入的序列。而匝道的逐渐起坡与环形道路中央的堆坡处理，形成向上的车行感受，结合远山的景观，给人以渐入山林的驾驶空间体验。设计保留原来基地的几处生态湿地，并加以扩展。植物选用方面，根据当地沙漠性小气候特征，选用耐旱植物，实现维护最小化。入口标志物曲形长龙，形成巨龙遥指落日湾的入口体验，在有限的成本预算内，演绎"龙沐西海"的传说。

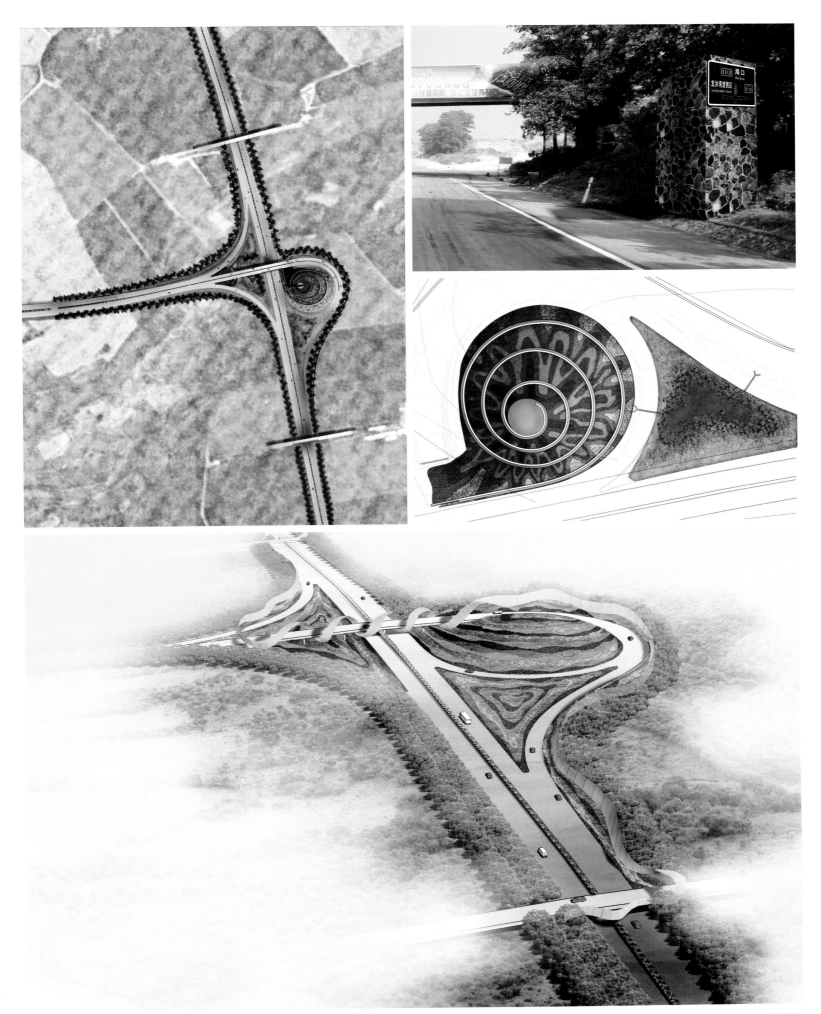

对比方案1鸟瞰

245

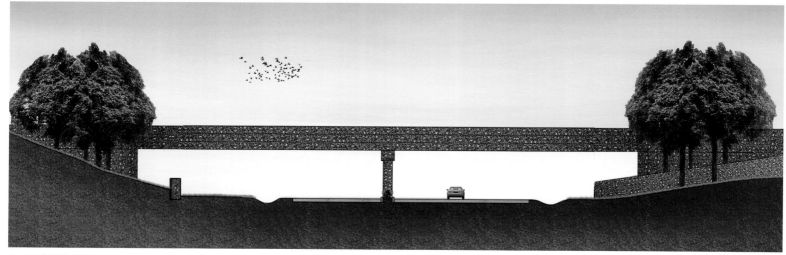

1、3号高架桥立面

2号高架桥剖立面

中央龙柱标志剖面

对比方案2鸟瞰

对比方案4鸟瞰

对比方案3鸟瞰

对比方案1透视

对比方案3透视

对比方案4透视

# SUINING HEDONG NEW DISTRICT WUCAI BINFEN ROAD LANDSCAPE DESIGN

## 遂宁河东新区五彩缤纷路

项目名称：遂宁河东新区滨江景观带规划

设计范围：规划及景观、建筑设计

建设单位：遂宁市河东开发建设有限公司

设计单位：毕路德

景观面积：725 000平方米

项目性质：城市公园

项目位置：四川遂宁

设计时间：2008年

建成时间：2012年

主设计师：杜昀、刘可生、张朝亮

项目基地位于遂宁市河东新区西南面，紧临涪江，与老城区隔江相望，是联系新老城区的纽带。基地为一条狭长带状用地，东临建设中的河东新区，西面为观音湖，基地与水域之间有高出基地约3米的防洪堤以及大量的原生河道滩涂。城市发展战略充分利用"两面临山水、中间一座城"的山水特点，突出生态园林特色，将遂宁建成一个现代化的国际旅游山水园林城市。

设计汲取"舞动"的灵魂含义，使用"张扬"的设计手法，寻求文化、商业、空间、生态的突破与回归。我们深刻剖析遂宁的经济态势与历史文化，通过设计为项目与城市之间找到了一个嫁接兴奋点，即立足于项目的优势，借用新生地带去阐述遂宁作为一个千年城市的"城市复兴"。作为城市复兴计划的一部分，我们在设计内容上通过融合商业、传承文化、回归生态，以及创造集体体验空间与旅游度假的多功能复合型城市模式，把遂宁五彩滨江景观带打造成一处现代、时尚且具有品牌效应的旅游购物天堂，使之成为遂宁市新的城市中心、休闲体验中心、购物旅游中心、滨水观光中心，舞动遂宁经济的发展。从设计形式上，我们打破传统的规划模式，传承东方园林中"象外之象、景外之景"的高度融合的意境，运用流动的线条与聚集的小圆点所产生的韵律，创造一处建筑、景观、自然协调统一，具有极强艺术感染力的景观体验场所。

**商业**：商业是城市活力的重要组成部分，是城市的魅力品牌展现之所在，也是保障滨水区基本运转的主要经济来源之一。因此我们建议在城市原有商业产业的基础上，植入新的商业业态（如动漫游乐体验城）；同时对当地特色农产品经济进行提炼（如绿色食品主题产业开发、蜀玫爱情主题开发），创造了一个集时尚购物、商务休闲、现代餐饮、风情酒吧街、名店直销、生态农业展示展销中心等为一体的，富有生命力的现代多功能复合型城市商业消费中心。从而形成新的产业经济链，引领遂宁经济的健康发展，以其独有的特色活跃在成渝经济圈乃至西南商圈的舞台。

**文化**：由洒水观音引申出圣水文化，寻求"圣泽遂宁、水泽遂宁"的深刻文化内涵。提倡景观区域的体验感和参与性，在参与中体验到"寻找观音圣水，体验至善至美"的文化真谛。在对地域文化深挖掘的基础上吸纳、融合多元文化，使各种文化相互影响与渗透，形成一个大"容"的遂宁新文化景象。

**空间**：公共滨水空间是营造滨水地区整体环境不可或缺的空间要素。我们的目的在于提供一个令人激动，叫人流连忘返的滨水空间，以改善现状空间的尴尬存在，在利用水的优势塑造空间的同时，结合酒店、商业、居住等混合使用功能的用地开发，为遂宁市民和外地游客提供非常丰富的、能亲身体验的各种公共场所。运用错落的平台空间缩小防洪堤带来的城市与亲水之间的距离。同时也打破了防洪堤的生硬客观存在，使人在体验的过程中能真正地亲到水，城市能真正地利用水，反之也为水注入了新的生命和意义，最终形成一个水城交融的城市舞台。

生态：大力提倡建设生态型城市,这既是顺应城市演变规律的必然要求,也是推进城市持续快速健康发展的需要。我们利用滨水空间和原生滩涂的优势,营造了一个集自然湿地、野生动物栖息、假日会所、科教中心等为一体的自然生态公园。自然生态公园和丰富多彩的生态体验广场,建立起一个人与自然关系协调、和谐的生态型城市,提升城市的整体素质和形象。

旅游观光与度假：遂宁这一发展中的山水园林旅游城市,正以它崭新的面貌在四川中部崛起。项目设计的目标就是为城市旅游度假创造品牌效应,着力打造新的商业品牌、文化品牌、休闲度假品牌和消费品牌,形成一个多元化的旅游度假中心,最终形成新的城市品牌,引领遂宁经济和旅游的发展。水上运动与休闲、玫瑰主题园、怡情养生中心、假日广场、音乐喷泉、标志塔,形成一个个新的旅游爆点,为城市旅游度假创造品牌效应。

艺术形式的创造：遂宁被称为"观音故里",有着深厚的文化传统和氛围,我们从这种地道的文化中引申出"水滴"与"飘带"形式,作为场地造型的基调,通过相互之间的穿插与点缀产生了强烈的碰撞与韵律感,编织出一幅五彩缤纷的美丽画卷,从而使场地骨架自然形成,使形式的贴切与吻合脱离了俗套与做作,再结合铺装、小品、植物、光线等五彩缤纷的色彩,以其超强的艺术形式感和视觉冲击力诉说着人们对美的追求。

以"舞动"的名义,在一个合适的时间、合适的地点,去鼓励一个城市的复兴。从商业、文化的角度出发,它创造了一些特色与奇迹;从景观的角度出发,它代表的只是苍茫的大地景观中的细枝末节;但是,设计所想表达的不仅仅是舞动了某个城市的某些特征,其追求的往往是挖掘这个城市的精神与舞动这个城市的灵魂。

# SHENZEN YANTIAN PARK
## 深圳盐田中轴线概念设计

项目地点：广东深圳

设计时间：2011年

项目总面积：356 000平方米

设计单位：美国汤姆·里德景观设计事务所（TOM LEADER STUDIO）

TLS联手SOM芝加哥建筑事务所携手打造的公园项目可谓令人过目难忘。它将人们从政府综合大楼引入这迷人的水滨景观带，让人流连忘返。这里包罗万象，各式景致此起彼伏，娱乐、艺术、商务、集会场所无所不有。它是都市生活的最佳选择，届时将吸引无数业主光临捧场。

法式风情的小径顺着4行耸入云霄的大树向远方蔓延开去。人们既可以沿着这片林荫信步小憩，亦可以就着户外咖啡馆里那些可移动桌椅将整个公园尽览眼底。

公园另一边那片生机勃勃的小树林是蜿蜒小径的巧妙延伸。苍穹之下是一片栽有榕树等众多热带植被的凉爽而盎然的林下叶层。绿地的一边罗列着许多由蓄雨小渠串联起来的池塘。池中的喷泉及色彩斑斓的鱼儿又为公园增添了另一番情趣。

在设计师们的匠心雕琢下，露天的场所可为众多居民及游人提供多种便利。人为的降雨及蕨类园景使得雨窟阴凉怡人，而花卉农庄中的落英缤纷更是让人流连忘返。小憩"绿原酒庄"，周遭有玫瑰、银莲、牡丹，种种花卉定会叫你应接不暇。而步入那"艺术竞技场"般连着街道旁艺术中心的雕塑公园，又将是另一番荡气回肠。

除此之外，儿童乐园、溜冰场、舞蹈/太极公园、音乐公园、月光梦剧场、互动喷泉、地方水产品及农产品市场、荔枝园、啤酒园以及奥运会水准的浮动泳池等，各类设施一应俱全。

# HARBIN HAXI TRAIN STATION WEST SQUARE DESIGN

## 哈尔滨西客站西广场

项目地点：黑龙江哈尔滨

项目面积：146 000平方米

建筑面积：59 000平方米

建成时间：2013年

设计单位：ZNA泽碧克建筑设计事务所

传统的火车站广场要解决人流疏散与各种交通方式的对接，复杂的流线穿越广场，使广场空间不可避免地缺乏人性化并呈现出无趣的外观。作为交通设施附属空间的功能得到了解决，而作为城市空间则是一个消极的被人忽略的场所。

哈尔滨西客站作为新型的高铁车站，交通接驳紧凑地在站房附近解决，使广场从停车、疏散等交通功能中解放出来，可以更多地为城市生态、市民休闲以及城市文化服务。基地高差变化剧烈，有河流从场地穿过，复杂的地形和河流成为本项目特有的景观特质，也为空间布局、步行交通联系带来挑战，项目的特殊性还在于其所处的哈西新区公共核心的区位，应代表城市新区形象。

本项目设计开始于国内高铁建设热潮的初期，高铁车站广场的景观设计正处于一个探讨和研究期，可借鉴的成功案例有限，而由于国内外国情的差异，国外高铁车站的设计模式不能一味套用，加之西广场现状场地及规划等多方面复杂的条件和项目较高的要求，设计难度较大。ZNA设计团队在和城市政府的共同研讨中逐步形成了对广场功能和形象的定位以及

方案的雏形，并随着技术问题的解决不断深化。设计者和建设者都希望这个站前广场是一个可以代表高铁时代新型交通模式和理念的设计作品，可以为国内高铁站前广场的建设记录可供借鉴和参考的一页。

设计针对高铁时代火车站广场的新定位、气候、场地限制以及城市对广场空间的多种需求，提出广场的总体定位：在满足交通疏散和接驳的前提下，以植被景观为特色的城市生态休闲广场。设计合理运用功能布局，利用高差变化，创造建筑空间和休闲空间，通过中央主轴4组盒子来解决好复杂竖向条件下的人流疏散和无障碍问题，通过与地形紧密结合的景观桥体联系河道两岸和不同高程的活动区域；兼顾不同水位下的滨河景观效果，创造生态型的护岸。设计还延续地域和场所特质，设计了寒地景观林带，同时使广场内建筑采取与地形融合的方式，并与景观形成完整的空间意向。

本项目试图使城市建设者和使用者重新思考和定义高铁时代的广场的空间内涵并提供个性化的解决案例。项目于2013年竣工。

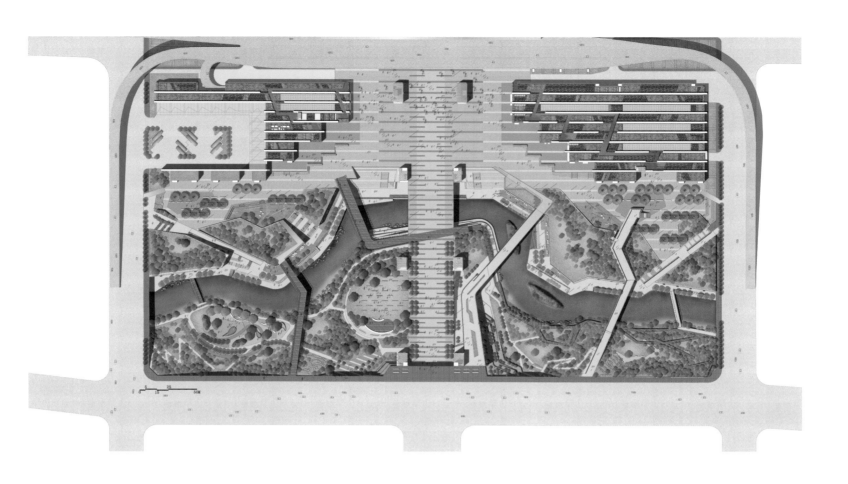

# TIANJIN BINHAI TRANSPORT HUB

## 天津滨海交通枢纽

项目地点：天津
设计时间：2011年
建成时间：在建
项目面积：800 000平方米
设计单位：HASSELL

滨海高铁站位于天津滨海开发新区，作为一个交通转运点，它规划整合了一条高速铁路线、三条地铁线、本地公交与区间客运以及往市区的出租车等交通服务。

HASSELL的项目设计目标，关注如何将这些不同的服务区块作无缝的整合连接；空间处理策略包含了优化广场上下的串联、为旅客到达点提供了更开阔的视线；同时透过一系列的空间模拟来确保设计所提出的人流规划路线能更舒适、更有效率。

项目范围涵盖了站体外南、北两个广场及外围的公共空间，面积共达800000平方米。HASSELL的景观提案将南、北广场分别定位为城市广场与城市花园，为转运站创造了动、静分区的两个场所，同时解决了不同的空间课题。

天津的严峻气候与高铁站体的工程设计引导出了本项目的设计亮点——一个抬升的采光罩结构。透过这个焦点元素，大片的自然光线得以进入地下到达大厅，同时也增加了车站两翼的层高，形成类似温室的空间效果，充满绿意的室内中庭景观应运而生，更进一步优化了转乘的步行经验与视觉感受。这个概念的提出，不仅无须变更建筑的结构设计，更超越了业主对项目的预期，透过整体的设计考虑，南、北广场的景观成就了大气而明亮的室内空间，为进出车站与换乘的旅客提供了更流畅舒适的旅行体验。

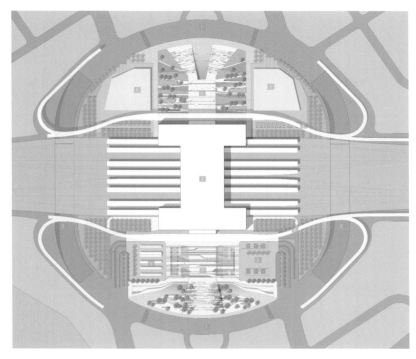

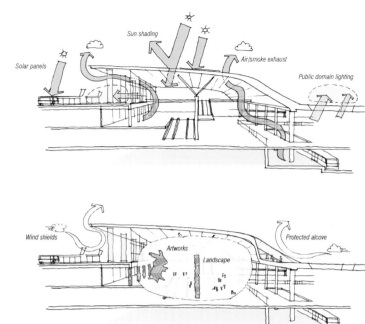

Solar panels

Sun shading

Air/smoke exhaust

Public domain lighting

Wind shields

Artworks

Landscape

Protected alcove

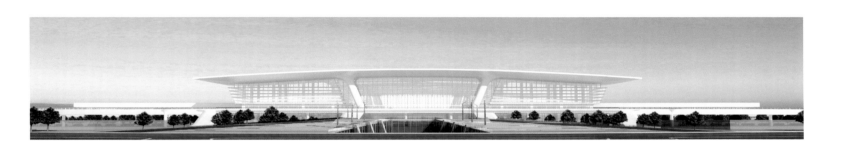

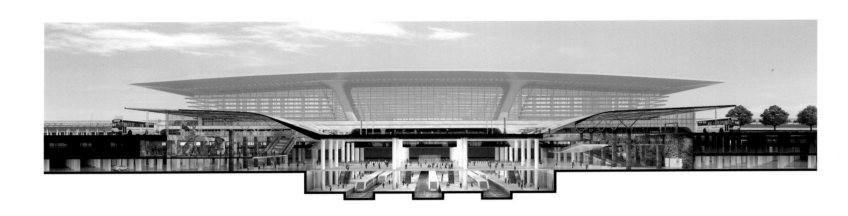

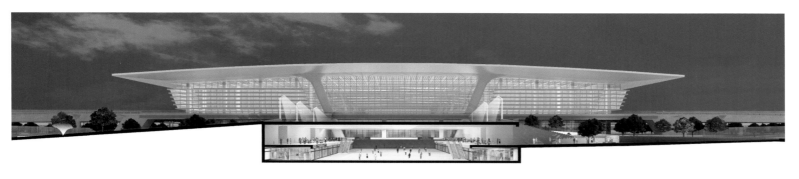

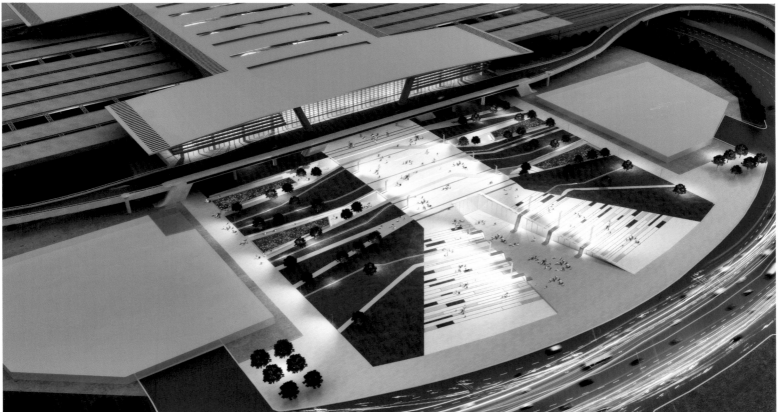

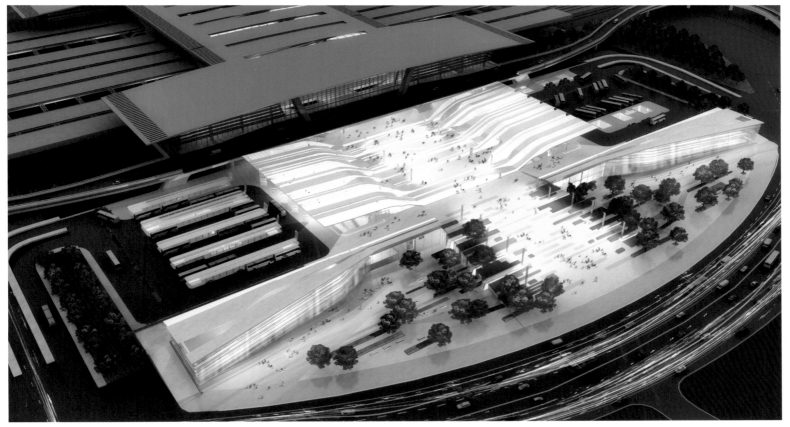